基于表示学习的故障诊断关键技术

吕菲亚 ◎ 著

科学技术文献出版社
SCIENTIFIC AND TECHNICAL DOCUMENTATION PRESS
· 北 京 ·

图书在版编目（CIP）数据

基于表示学习的故障诊断关键技术 / 吕菲亚著. —北京：科学技术文献出版社，2022. 12

ISBN 978-7-5189-9661-2

Ⅰ. ①基… Ⅱ. ①吕… Ⅲ. ①机器学习—应用—过程控制—故障诊断—研究 Ⅳ. ① TP181 ② TP273

中国版本图书馆 CIP 数据核字（2022）第 181854 号

基于表示学习的故障诊断关键技术

策划编辑：张　丹　　责任编辑：张　丹　邱晓春　　责任校对：王瑞瑞　　责任出版：张志平

出 版 者　科学技术文献出版社
地　　址　北京市复兴路15号　邮编　100038
编 务 部　（010）58882938，58882087（传真）
发 行 部　（010）58882868，58882870（传真）
邮 购 部　（010）58882873
官方网址　www.stdp.com.cn
发 行 者　科学技术文献出版社发行　全国各地新华书店经销
印 刷 者　北京厚诚则铭印刷科技有限公司
版　　次　2022 年 12 月第 1 版　2022 年 12 月第 1 次印刷
开　　本　710 × 1000　1/16
字　　数　204千
印　　张　11.5　彩插 4 面
书　　号　ISBN 978-7-5189-9661-2
定　　价　48.00元

前　言

随着分布式控制系统的广泛应用和先进信息技术的实施，为了实时地检测并识别工业过程中的异常状况，数据驱动的故障诊断方法成为多变量过程控制的研究热点之一。然而，海量高维度的过程测量信息给传统的故障诊断算法带来极大的计算复杂度和建模复杂度，且存在难以利用高阶量进行在线估计的不足。面对复杂工业过程中的低阶、动态、非线性、多模态及微小故障等问题，本书结合深度学习与统计分析技术，提出了一系列基于表示学习的故障诊断算法。

①将深度学习技术引入工业过程控制中，提出了基于栈式自编码网络的故障诊断技术，通过栈式自编码网络提取并表示工业过程数据中隐含的相关性特征，打破了传统方法针对微小故障检测的瓶颈。

②从函数逼近角度阐述了栈式自编码网络结构：利用多重的非线性映射与优化的组合实现复杂函数的逼近；初步解释了栈式自编码网络在故障诊断上的可行性；结合加权时间序列保持工业过程的时间相关性。

③从多项式泰勒展开的角度解析自编码网络，结合泰勒展开的高阶项 $o(x^n)$ 论证栈式自编码网络对细节特征的表示学习能力；鉴于动态过程中的时间最近邻并不一定是其空间最近邻，在不增加建模复杂度的前提下，提出了基于动态重建的栈式自编码网络故障诊断技术，通过样本重建在保持数据可分离性的同时增加类别间的可区分距离。

④针对传统多元统计分析技术难以利用高阶信息的不足，提出了基于高阶相关性的故障诊断技术，结合栈式自编码网络的多隐层结构建立多级学习框架：堆叠的隐层数越多，提取特征的阶数越高；并给出对应度量指标监控系统运行是否保持在控制范围内；利用正常过程的测量数据进行网络参数训练，避免了类别间的数据不均衡问题。

⑤考虑动态过程中在线数据的重要性，提出了基于栈式自编码网络的阈值自适应过程监控技术，通过一个综合的表示框架实现多模态辨识与故障诊断的整合，降低了多模态切换的代价；并基于 Sigmoid 函数重构进一步分析自编码网络的表示学习能力。

⑥首次将基于矩阵 Rényi 的 α-熵函数的互信息矩阵计算用于流程工业故障诊断，提出了一种基于互信息矩阵投影的多变量过程监控方法，在（正则化的）对称正定矩阵的特征谱上进行估计可以弥补流程工业难以实时计算概率密度函数的不足，同时不受工业过程中样本标签不足、数据不均衡等因素的影响。

基于表示学习的故障诊断方法可以更细致地反映过程运行状态及潜在的演变轨迹，仿真研究验证了其有效性与可靠性，丰富了数据驱动下故障诊断领域的研究成果，并揭示了进一步研究的必要性和可能性。

人工智能有非常前沿和广袤的研究领域，基于人工智能的工业过程控制是理论研究与应用发展的大势所趋。本书介绍了深度网络在故障检测与诊断领域的基础应用与探究，尽可能地涵盖栈式自编码网络的算法知识和应用实践，供从事表示学习、故障检测与诊断算法研究人员参考，愿能为学科发展尽绵薄之力。读者学习完本书后，可以自行搜索相关方向的研究论文或资料，以便进一步学习。

笔者自认才疏学浅，纰误之处在所难免，恳请读者提出宝贵的批评与指教意见，笔者将及时修正，不胜感激。

目　录

第一章　绪　论

1.1　课题背景及研究意义

工业信息化是“两化融合”的主要内容，随着信息技术和计算方法的快速发展，现代化大生产中的工业系统复杂性越来越高。控制系统的设备复杂化和规模大型化，使得运营调控过程中系统极易发生故障，系统一旦发生故障，若不能及时发现并处理，将造成巨大的经济损失和人员伤亡，即使是微小故障也可能会被放大和传播，进而引发重大的安全事故。2018 年 9 月 17 日，德国勃兰登堡级护卫舰由于配电柜故障在波罗的海执行任务时发生火灾；2019 年 3 月 21 日，江苏省盐城市一家化工企业的化学储罐发生爆炸，事故波及周边 16 家企业，造成大量人员伤亡；美国石油化工企业每年因机械故障直接损失 200 亿美元；美国运输机的紧急着陆和发动机事故也多次发生等。

近年来，关于动态系统故障检测和异常诊断的基础共性技术研究已引起工业界和学术界的大量关注[1-2]。国家“十二五”科学和技术发展规划将重大工程健康状态的检测、监测及诊断和处置列为重大科学问题[3]。如果能在工业过程运行的可控范围内及时发现故障，特别是尽早检测出早期、微小故障，进行故障辨识和溯源，将能通过系统补偿等控制手段进行调控，降低异常事件的发生。因而，对复杂工业系统进行合理的故障检测与诊断是一个亟待解决的关键技术问题[4]。

自 20 世纪 70 年代起，有关工业过程的故障诊断技术的研究已取得大量成果。针对复杂的动态工业体系，现有的故障诊断方法包括分析方法、统计方法和智能方法[5-6]，其中较为常见的分类是：基于解析模型的故障诊断技术、基于知识的故障诊断技术和数据驱动的故障诊断技术[7-11]。基于模型、知识的故障诊断技术依赖于因果关系的提取与表征，适用于输入、输出及状态变量较少的系统[4]。然而，随着分布式控制系统在工业过程中的广泛应用，以及数据存储、传输和处理等技术的不断发展，针对大量反映生产过程和设备运行的状态数据及监控变量，单纯依靠传统的机理分析方法已无法建立精确的数学模型；而且面对复杂工业过程的动态随机性、多源不确定性、高度耦合性及强干扰等特点，尚无法充分提取故障发生的因果逻辑关系，不能建立完善或完备的专家知识体系。在大数据这一时代背景下，数据驱动的故障诊断方法更为适用，表现在其对海量、多源、高维数据进行统计分析和信息提取的直接性和有效性[4]。

多变量过程监控技术要求对过程存在的异常、早期故障等进行快速地检测，但海量高维度的监测数据及动态的工业过程特性给传统的故障诊断算法带来极大的计算复杂度和建模复杂度。基于以上研究背景，如何结合人工智能技术中的机器学习算法设计新的数据驱动的故障诊断方法，从数据中学习并表示其中隐含的过程变化，提高诊断系统的实时性和精确性，已成为近年来过程控制领域的研究热点。

1.2 研究现状及分析

面对现代化工业过程的大规模及复杂化背景，为了有效地确保系统安全，迫切需要实现实时的过程控制及优化决策，降低事故风险，提高经济效益。有关故障诊断的研究主要指如何对系统中出现的故障进行检测、辨识和分离，即判断故障是否发生、确定故障的类别及引发故障的原因等[12-18]。一般地，动态系统的故障诊断技术分为定性分析和定量分析两大类[1,19-20]。

定性分析的故障诊断技术是基于专家认知和经验，对故障进行定性描述，通过对现象观察与分析推导系统可能发生的故障，包括图论法、专家系统法和定性仿真法等[19,21]。定性分析的方法虽然建模简单，但是诊断准确率受知识库中专家知识水平的高低及经验丰富程度的影响。受限于系统的动态复杂性和知识规则化表述的困难性，尚不能保证所构建诊断知识库的完备性，表现在当系统在运行过程中发生一个新的故障时，知识库中没有与之相对应的诊断规则。此外，现行的用于故障诊断的专家系统缺乏主动学习和自我完善的能力，不能通过新获取的知识进行规则库的修正与补充，并且对系统设计中一些边缘性问题的求解较为脆弱和敏感[4]。

定量分析的故障诊断技术包括基于解析模型的方法和数据驱动的方

法[4,19]。基于解析模型的方法通过对系统输入、输出及内部状态之间的关系进行统计分析后建立初步模型，再结合系统运行过程中故障的演变机制进行模型修正以提高故障诊断结果[21-22]。现有的基于解析模型的故障诊断方法主要是利用系统的建模残差进行状态估计、参数估计，而实际的电力电网、化工产业、大型船舶等复杂系统，运行过程中通常存在随机扰动、噪声及误差等干扰，以及多变量耦合的情况。基于解析模型的故障诊断技术很难同时保证模型的鲁棒性和算法的灵敏度。

数据驱动的故障诊断方法旨在从数据中学习系统的运行状态，实现对设备和生产过程的优化决策与控制，是目前较为实用的诊断技术[19]。该技术对采集到的不同来源、不同类型的监测数据，采用数据表示学习、模式识别和并行计算等技术获取其中隐含的有用信息。系统发生故障必然会反映在监测数据上，监测数据包括大量的历史样本数据（即离线数据）及当前时刻的采样数据（即在线数据）。历史数据反映的是系统不同传感器或监测对象的过程特性与模式演变，在线数据反映的是系统当前运行中的时变特性和历史数据的累积效应。理论上，只要对监测数据进行合理的、深度的特征挖掘，便可得到更为具体、细节的特征，尤其适用于微小、早期故障的诊断[4,23]。数据驱动的故障诊断方法能够相对准确地检测出故障并辨识出故障的类别，不需要系统的先验知识，如数学模型和专家经验，适用于建立机制模型的复杂工业系统，可以划分为：多元统计分析法、信号处理法、粗糙集法、信息融合法及机器学习法等，具体如图 1.1 所示[4,19]。

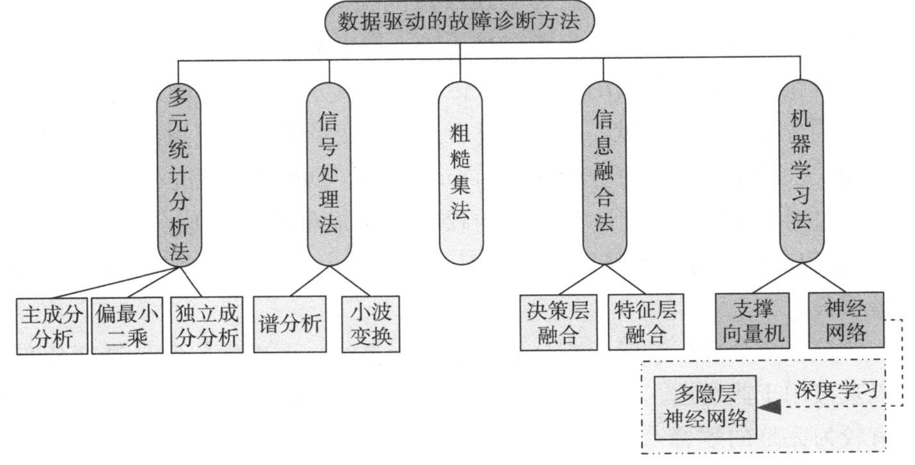

图 1.1 数据驱动的故障诊断方法分类

1.2.1 基于多元统计分析的故障诊断方法

基于多元统计分析的故障诊断方法采用映射投影的方式对原始样本的多变量空间进行分解，得到主成分子空间和残差子空间，再利用变量之间的相关性构造能反映子空间变化的统计量，最后将新的观测样本分别向2个子空间投影，计算相应的统计量指标，根据由正常样本估算出的置信限分析观测样本的运行状态。该技术包括主成分分析（Principal Components Analysis，PCA）法、独立成分分析（Independent Component Analysis，ICA）法、偏最小二乘（Partial Least Square，PLS）法等[24]。

（1）主成分分析法

主成分分析法最初由 Pearson 提出[25]，其基本思想是以有限长度的多维变量时间序列构成的数据矩阵为基础，通过映射寻找数目较少的潜变量，达到降维并有效剔除冗余信息的目的，使得变换后的主成分子空间更集中地反映原来监测变量中所包含的主要变化，残差子空间反映监测过程中的噪声和干扰等[26]，主要用于高度线性相关数据的分析处理。

Wise 等最早将主成分分析法用于异常监控[27]，基于主成分分析的故障诊断通常采用 Hotelling's T^2 指标衡量现有样本距离主成分子空间原点的距离，采用平方预测误差（Squared Prediction Error，SPE）也称 Q 统计量，统计量度量正常过程变量之间相关性被改变的程度，当然也可以根据特征方向、统计距离和角度、贡献图等实现故障的检测[28]。贡献图反映了不同变量对检测指标的贡献比例，参考文献［29］指出贡献度较大的变量为诱发故障的主变量，是故障分离的因变量；传统的主成分分析法均假设过程变量服从独立同分布，参考文献［30］通过引入过程变量的延时观测，提出了结合时序相关性的动态主成分分析（Dynamic PCA，DPCA）算法；稀疏主成分分析通过对“方差-稀疏性”之间的权衡来生成稀疏性主成分，参考文献［31］在提高主成分可解释性是前提下，为每个主成分选择非零载荷最小化方差损失。

传统主成分分析法属于混合潜变量分析方法，要求数据服从高斯分布，难以直接用于非线性、多模态过程。虽然子空间分解对故障检测能力的影响已有较为完整的解释[32-33]，然而基于主成分分析的故障检测方法采用 T^2、SPE 等统计量可能会扩大检测的区域，如在三维空间中，基于置信区间设置检测阈值使得检测区域由原本的椭球形扩展至其外切的长方体，致使与正常状态发生弱偏离的微小故障难以被检测[4,34]。

（2）独立成分分析方法

鉴于主成分分析法不仅要求数据服从高斯分布，而且降维提取的主成分之间虽然不相关但是也并不相互独立，针对具有非正态分布的多变量系统提出了独立成分分析方法。该方法是把高维多元数据分解为不相关且相互独立的部分，在降维的同时提取高阶统计量信息，并分离出数据中隐藏的噪声信息[35-36]。

Kano 等最早将独立成分分析方法用于异常监控[37]，通过对正常工况下的过程数据进行白化处理后，建立独立成分分析模型：

$$S_n = \boldsymbol{W}_n \boldsymbol{X}_{normal},$$

S_n 是正常工况下的独立成分变量，$\boldsymbol{W}_n$ 为分离矩阵。针对传统多变量统计过程控制算法对分离的潜变量必须服从正态分布的假设，参考文献［38］结合主成分分析和独立成分分析对工业过程的非高斯数据进行建模，用于处理独立分量概率分布的不确定性；由于工业过程的动态、非线性特性，参考文献［39］将独立成分分析方法应用于具有时滞变量的增广矩阵，提出了动态独立成分分析（Dynamic ICA，DICA）算法，提取过程中的自相关和互相关信息；为了充分利用动态过程中的高斯和非高斯信息，参考文献［40］基于正态分布提出了一种分块监控的方法，分布利用动态主成分分析和动态独立成分分析方法处理高斯分布、非高斯分布数据，并结合贝叶斯推理组合子块的监视结果做出综合决策。

独立成分分析算法假定观测信号是若干个统计独立分量的线性组合，即在时间尺度上相互独立，而工业过程具有动态不确定性，测量变量不仅时间相关，而且呈现高斯分布与非高斯分布相混合，这就限制了独立成分分析算法的实际应用[4]。

（3）偏最小二乘法

偏最小二乘法是基于主成分分析的多变量回归算法，其思想是对输入数据矩阵 $\boldsymbol{X} \in \mathbf{R}^{m \times n}$ 和输出数据矩阵 $\boldsymbol{Y} \in \mathbf{R}^{m \times p}$ 同时进行正交分解，使得分解后主成分的协方差最大[41]，其中 m 是样本数，n 是预测变量数，p 是响应变量数。偏最小二乘法是由输出变量引导的样本空间分解，不仅比主成分分析方法具有更强的输入解释能力，而且模型解唯一[4]。

Kresta 等最早将偏最小二乘法用于异常监控[42]，又称潜空间投影。参考文献［43］以互交换模式加强主成分间的对应。通过逐步迭代实现输入、输出矩阵的分解，提出了非线性迭代部分偏最小二乘法；为了解决了实际生产过程中的时变性问题，参考文献［44］提出动态偏最小二乘算法；针对大规模工业系统，由于核矩阵的大小是样本数的平方，导致非线性映射函数未知，参考文献［45］将多块的概念引入偏最小二乘法，通过提取子块内和子块之间的信息进行故障的检测，为核偏最小二乘方法提供了非线性解释；参考文献［46］提出动态核偏最小二乘方法，通过对测量空间执行正交分解，将其分为质量相关部分和质量无关部分，并引入遗忘因子，建立测量和质量指标之间更稳健的动态关系。

标准的偏最小二乘法在描述质量相关变化时需要较多的潜变量，然而与质量数据正交的变化对预测并没有帮助[4,23]；同时过程数据分解后的残差矩阵中仍具有较大变化，利用常规的 SPE 统计量进行监测并不合适。

从表示学习的角度，上述 3 种多元统计分析方法都是通过基变换将数据映射到另一个空间以达到数据降维的目的。基于多元统计分析的故障诊断方法虽然已经取得了大量的研究成果[47-48]，但是在保持原有数据主要信息不丢失的情况下降维，不仅难以选取最优的主成分个数，而且难免丢失原有数据中部分有用的弱小细节特征；再者根据置信度判断故障是否发生，难以折中故障检测率和漏检率，可能会掩饰掉早期故障和微小故障的变化；特别地，当故障信息淹没于多模态的非线性数据时，此类方法仍难以得到较好的诊断效果[4]。

1.2.2 基于信号处理的故障诊断方法

故障诊断的实质是典型的信号分析处理过程，这是因为当工业过程运行中有故障发生时，测量信号的幅值、相位、频率等均会发生一定变化。基于信号处理的故障诊断技术通过对测量信号的处理提取与故障有关的特征频率，结合专家知识和参数阈值、状态信息等综合评价系统的运行状况。目前，基于信号处理的故障诊断技术主要包括谱分析和小波变换等方法[49]。

（1）谱分析法

谱分析法是基于模态分析与已知频谱进行匹配分析计算结构响应的方法，主要用于确定结构对随机载荷或随时间变化载荷的动力响应[50]。在工业过程控制中，不同类型的故障具有不同的频谱特征，基于谱分析法的故障诊断就是利用对信号的功率谱、倒频谱、高阶谱等统计量进行分析实现监控诊断的目的，其中以频域的谱分析最为常用[51]。

振动信号是典型的非线性随机信号，以旋转电机和滚动轴承的振动信号为例，一旦系统产生故障，信号便会产生一定频率的调幅偏移，故障频率处可能呈现较大峰值。Drago 等[52] 最早将谱分析方法应用于旋转电机系统的故障诊断。针对齿轮振动监测中，由于噪音和调制等因素，信号的非高斯性和非对称性，参考文献［53］提出了基于双谱分析的齿轮故障诊断方法，并结合三阶累积量给出了其物理意义；由于滚动轴承等机械信号的信噪比较低，参考文献［54］采用振动光谱成像技术处理似稳信号，将信号的振幅转换成光谱图像，验证不同信噪比下振动光谱成像的特征鲁棒性；参考文献［55］基于健康轴承的特征向量构建基线空间，结合奇异谱分析实现对基线空间的分解，将测量信号的滞后版本投影到该基线空间上，以评估其与基线条件的相似性。

受傅里叶（Fourier）分析理论对非线性、非平稳信号的局限性，基于谱分析法的故障诊断以傅里叶变换为核心，变换后容易出现假频和虚假信号；同时傅里叶变换以积分的形式实现对瞬时信息的平滑，导致微小故障由于幅值较小容易在平滑过程中被弱化掉部分信息[4]。

（2）小波变换法

小波变换法不仅继承和发展了短时傅里叶变换局部化的思想，而且克服了傅里叶变换窗口大小不随频率变化的缺点，能够根据时间分辨率和频率分辨率分离出信号的瞬时特征，并保留主要频域成分，滤除噪声影响，是信号时频多尺度分析较为理想的工具[56]。基于小波变换进行故障诊断的思想是通过伸缩、平移等运算对故障信号进行逐步多尺度、多分辨率的细化分析，实现对高频处的时间细分、低频处的频率细分，进而聚焦到故障信号的细节特征，可用于早期和微小故障的诊断[57]。

参考文献［58］采用 Daubechies 小波变换分析故障可能的瞬态信息，提出了一种基于离散小波变换的地下电缆系统故障暂态检测和分类方法；针对传统双谱分析方法难以抑制非高斯噪声的不足，参考文献［59］提出了一种基于小波变换域非参数化的双谱故障诊断方法，并结合希尔伯特变换进行调制解调。由于噪声和动态特性，传感器的原始测量可能会降低基于主成分分析的故障诊断性能，参考文献［60］结合小波分析提取传感器测量的近似值，根据近似系数建立主成分分析模型；参考文献［61］对连续小波变换法在滚动轴承故障诊断中的应用进行了综述，提出可通过决策树建模选取最优小波。

受海森堡（Heisenberg）不确定原理的限制，小波变换不能精确描述频率随时间的变化，只能反应由状态空间映射到频域空间后的特性，没有从时域到频域转换过程中的逐步变化信息，忽略了故障随时间变化的频率分布特征[4]；而且基于有限长度的小波基函数容易引起故障信号的能量外泄。

1.2.3 基于粗糙集的故障诊断方法

不同于模糊理论对隶属度函数和证据理论的使用，粗糙集不需要数据集之外的主观先验信息就能对不确定性进行客观描述与处理。粗糙集理论的核心内容是属性约简，指在不影响系统决策的前提下，通过删除不相关的条件达到减少属性信息并得到正确分类的结果。基于粗糙集的故障诊断思想是利用粗糙集提取数据中隐含的故障特征，通过降低输入维数实现过程控制模型复杂度的降低。

参考文献［62］是最早将粗糙集理论用于故障诊断的研究，对电力系统中的故障相关、故障无关信号进行区分。针对故障信息不一致性的研究，参考文献［62］提出了一种基于粗糙集的决策规则提取方法，构建多级决策网络，引入诊断覆盖度因子去噪；在故障诊断信息不完备情况下，利用规则匹配确保诊断结果是可靠的；参考文献［63］结合粗糙集与神经网络检测辨识电流接地系统的故障，利用粗糙集提取特征作为网络输入，降低网络模型的结构复杂度；参考文献［64］实现了故障树知识向规则自动转换的机制，并利用粗糙集对形成的产生式规则进行约减，简化了故障的推理过程。粗糙集作为一种有效的特征提取方法，更多的还是和其他故障诊断方法结合使用。

1.2.4 基于信息融合的故障诊断方法

信息融合技术是对多源信息进行分析处理，在时间和空间上把互补和冗余信息依据某种优化准则整合，产生比单一信息源更为可靠的结论。按照融合时对信息的抽象层次，可分为数据层融合、特征层融合和决策层融合[1]。目前，基于信息融合的故障诊断方式主要是基于特征层融合和决策层融合[79]。

基于特征层融合的诊断方法主要是利用神经网络、支持向量机等技术融合多源故障特征。参考文献［80］根据传感器数据和观测信息，以及故障的因果关系建立两个贝叶斯网络结构，分别利用 Noisy-OR 和 Noisy-MAX 模型训练网络参数，然后组合这 2 个贝叶斯网络得到故障诊断模型。特征层融合还包括基于状态估计的融合方法，如参考文献［81］通过组合一个高增益观测器和线性自适应观测器实现对故障相关系数的递归估计，进行非线性系统的故障诊断研究。

基于决策层融合的诊断方法是指对不同来源的故障诊断结果进行融合，如基于 D-S 证据理论（Dempster-Shafer evidence theory）的诊断融合。D-S 证据理论在处理具有不确定性的多属性判决问题时具有突出的优势[82]。参考文献［83］阐述如何在 D-S 理论的背景下构建多传感器引擎诊断框架，包括故障识别框架、质量函数、证据组合规则等，并给出了一个用于评估信息融合系统性能的标准。参考文献［84］引入模糊隶属函数、重要性指数和冲突因子，解决传统的 D-S 证据理论在实际应用中的证据冲突问题。

基于信息融合的故障诊断方法利用信息互补，不仅能扬长避短，提高故障诊断的准确率，而且有利于降低算法复杂度。但是如何保证多源信息被有效融合、利用，以及如何去除冗余信息，还有待进一步研究。

1.2.5 基于机器学习的故障诊断方法

针对系统的不确定性和复杂性，基于机器学习的故障诊断技术采用如神经网络（Artificial Neuron Network，ANN）、支持向量机（Support Vector Machine，SVM）、极限学习机（Extreme Learning Machine，ELM）、决策树、强化学习等技术对数据进行表征分析[65-67]，难点在于如何从历史数据，特别是工业过程监测的时间序列中，提取出决策需要的特征，包括实时性变化、阶段性变化和趋势性变化等。

（1）神经网络法

人工神经网络的研究源于 20 世纪 40 年代心理学家 McCulloch 和数理逻辑学家 Pitts 提出的 M-P 模型[68]，具有自学习和自适应特性，在工业系统的过程控制领域取得了广泛的研究与应用。基于神经网络的故障诊断方法通过网络层间的学习建立起测量数据与故障类别之间的映射关系，实现由测量数据到故障类别的辨识与推理[69]。

神经网络具有强大的鲁棒性和容错性，参考文献［70］最早将其用于直流电机的故障检测；针对高压直流输电系统故障诊断，参考文献［71］采用自适应滤波、信号调节和专家知识进行预分类，为径向基神经网络提供可靠的预处理输入。鉴于神经网络的“黑盒子”结构，可解释能力较差，参考文献［72］从函数逼近的角度，使用案例法作为神经网络特征提取准则，实现变压器故障的实时检测；针对生产系统中成分的退化和机械的磨损，参考文献［73］通过时频分析技术在频域上对振动信号进行特征提取，利用神经网络实现故障的检测和诊断。

虽然神经网络能够以任意精度逼近非线性函数[74]，但是网络训练需要大量的样本数据，针对小样本问题在应用上受到一定限制。传统的神经网络由于训练中的误差弥散问题，受限于计算复杂度，在实际应用中只能设置2～3个隐层；同时不同类别数据之间的不均衡、网络收敛性等，都是制约着基于神经网络的故障诊断技术的发展。但是随着深度学习思想的提出，多隐层神经网络和生成式对抗网络在数据表示学习中的应用有望给工业过程的故障诊断带来新的研究突破。

（2）支持向量机法

支持向量机是建立在统计学习理论和结构风险最小原理基础上的机器学习算法，最早由 Corinna Cortes 等提出[75]。该算法通过将向量映射到一个更高维的空间里，根据不同原则选取参数构造分隔超平面，对模型的复杂性和学习能力折中，以期获得最好的推广能力。不同于神经网络对大量的训练样本的需求，支持向量机更适用于小样本空间的故障检测与诊断。

基于支持向量机的故障诊断方法通过数据分类的思想实现对故障的检测与辨识。针对旋转机械故障检测中的小样本问题，参考文献［76］采用经验模态分解法振动信号分解为局部的内模态分量，然后进行奇异值分解提取故障向量，利用支持向量机分类输出检测结果；针对不同类别数据的不均衡问题，参考文献［77］提出了偏最小二乘支持向量机算法，首先利用自举法进行样本补偿，然后结合对数变换生成附加类别特征，再采用粒子群优化算法对支持向量机的参数进行优化，实现对油浸式电力变压器的故障检测；针对微小故障随着时间的平缓演变特性，离散的决策函数无法充分反应这一演变过程，参考文献［78］设计了支持向量机的连续决策函数，在辨识的同时实现对故障严重性的判断。

基于支持向量机的故障检测技术从分类的角度采用模式识别的策略，对于处理小样本、非线性及高维过程数据具有明显优势，但其诊断精度与数据的完备性有很大关系，并没有进行深层次的数据挖掘，不利于分析特征的统计特性。

1.2.6 数据驱动的故障诊断研究中存在的问题

伴随深度学习、云计算等技术的发展，数据驱动的故障诊断研究受到越来越多的关注，特别是对于微小、早期故障的诊断研究。从机器学习的角度，故障诊断可以视为从数据中提取故障的模式特征并通过模式匹配进行辨识的问题。传统的机器学习方法多是从逼近论的角度拟合监测数据，并进行特征提取，但由于算法本身的局限性，存在计算复杂度和逼近精度等方面的不足，因此，如何有效地存储复杂系统中的海量数据，并实现数据的精准分析和深度表示学习，发展和优化数据预处理技术是大数据时代的一大挑战性难点[4]。

深度学习技术是大数据背景下机器学习研究中一个备受关注的领域，通过对低层特征进行组合、抽象，获取数据的高阶相关性或分布式表示。作为一类表示学习方法，深度学习技术已经在计算机视觉、语音识别等领域得以成功应用，但在工业过程监控方面尚未引起足够关注。因此如何利用深度学习技术实现对多变量工业过程的可视化监控和实时、准确的应急调控是过程控制领域的又一挑战。深度网络的结构不仅决定着特征提取的完备性，而且关系解决方法的复杂度[4]。

目前，数据驱动的故障诊断主要是依赖于历史数据，虽然历史数据蕴含了复杂系统大量的运行机制和规律，但工业过程是动态的生产过程，在线采样不仅包含了生产运行过程的累积关联性，而且更能反映系统当前状态的最新变化，因而有待进一步研究在线数据的分析处理技术，实现复杂的动态系统故障的在线诊断决策与模型参数更新。

此外，大型复杂工业系统具有动态性、不确定性和多故障并发性等，若只采用单一的故障诊断技术，就会存在诊断精度低、泛化能力弱等问题，难以取得满意的诊断效果。因而可以通过统计分析、信号处理、表示学习等技术之间的差异性和互补性研究多技术融合方法，有效地提高故障诊断系统的敏感性、鲁棒性和精确性，同时降低其不确定性，实现故障源定位，并在线估计故障严重性，真正使研究与实际的工业工程化应用相结合[4]。

1.3 本书的研究内容

随着分布式控制系统的广泛应用和先进信息技术的实施，海量高维度的过程测量信息给传统的故障诊断算法带来极大的计算复杂度和建模复杂度，且存在难以利用高阶量进行在线估计的不足。面对复杂工业过程中存在的低阶、动态、非线性、多模态及微小故障等问题，结合上述国内外研究现状，本书结合深度学习与统计分析技术对数据驱动下工业过程中的问题展开研究。根据撰写思路本书的研究内容如图 1.2 所示。

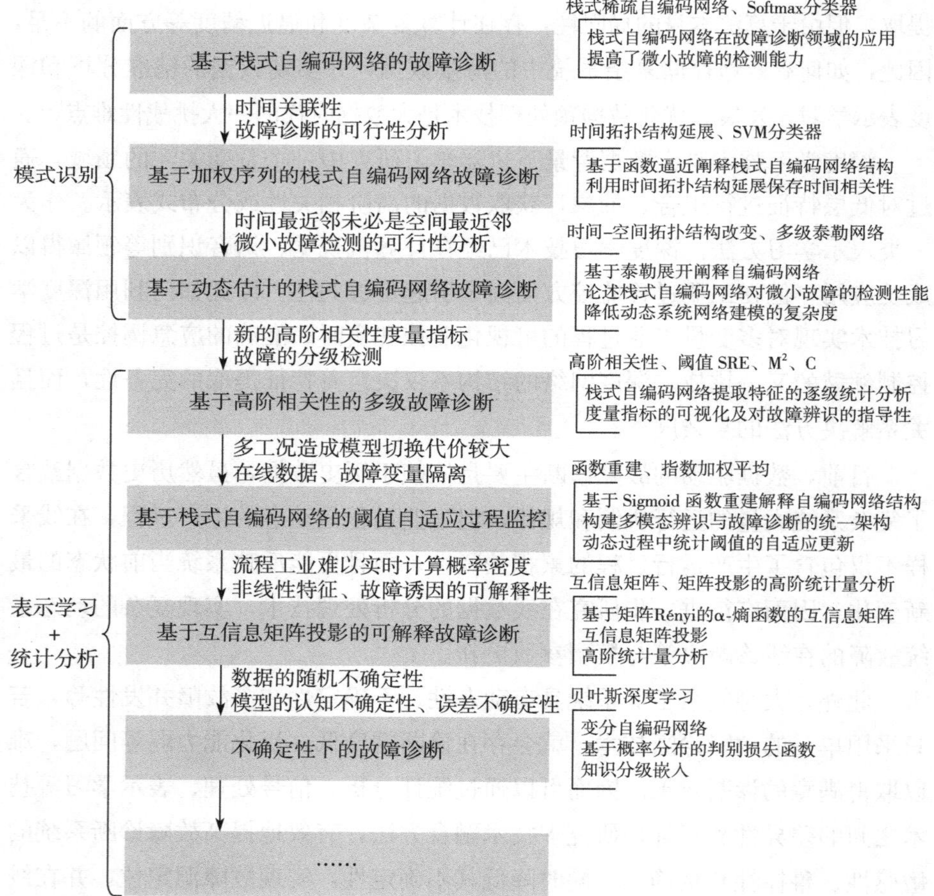

图 1.2 本书的研究内容

本书的研究内容详述如下：

第一章介绍了研究背景、国内外研究现状等内容。

第二章从数据表示学习的角度研究深度学习技术在故障诊断中的应用。鉴于传统神经网络由于训练方法的不足引起的误差弥散问题，导致在实际应用中并不能实现多隐层的网络学习，设计了基于栈式稀疏自编码网络的故障诊断算法。

第三章从函数逼近的角度探究栈式自编码网络结构，分析其在故障诊断中的应用可行性。通过加权序列延展连续过程的时间拓扑结构保存时间关联性信息，提出了基于加权序列的栈式自编码网络故障诊断算法。

第四章从多项式的泰勒展开角度的角度探究自编码网络的函数逼近能力，分析其对于微小故障检测的可解释性。鉴于动态过程中，样本点的时间近邻并不一定是其空间近邻，在不增加栈式自编码网络结构复杂度的前提下，结合时间-空间去噪的关联性分析对过程数据的动态估计，提出了一种基于动态估计的栈式自编码故障诊断方法。

第五章利用新的度量指标分析栈式自编码网络提取的高阶相关性，结合栈式自编码网络的多隐层结构，提出了基于高阶相关性的多级故障诊断方法，实现对系统运行过程是否保持在控制范围内的逐级检测，弥补了传统的多元统计分析技术在过程控制领域难以利用高阶信息的不足。

第六章从函数重构的角度探究自编码网络的几何意义，分析其对平滑函数近似的有效性。考虑动态过程中在线数据的重要性问题，提出了基于栈式自编码网络的自适应阈值的过程监控算法，在一个栈式自编码网络这一表示框架下，结合逐级的阈值自适应更新实现多模态辨识与故障诊断的整合，降低多模态工业过程中模型切换的代价和复杂度。

第七章提出了一种基于互信息矩阵投影的多变量过程监控方法，基于矩阵 Rényi 的 α-熵函数的互信息矩阵进行特征谱估计，可以弥补流程工业难以实时计算概率密度函数的不足，同时不受工业过程中样本标签不足、数据不均衡等因素的影响。

第八章对全书进行总结，并指出了需要进一步研究的问题。

在对现有数据驱动下故障诊断方法进行梳理和分析的基础上，本书创新点如下：

①基于栈式自编码网络的故障诊断技术通过对测量数据中隐含的高阶相关性进行提取和表示学习，打破了传统故障诊断方法中对微小故障检测的瓶

颈；并结合时间关联分析、数据动态重构和阈值自适应更新等手段解决工业过程中的动态特性问题。

②分别从函数逼近论、泰勒级数、函数重构等角度探究栈式自编码网络的结构，理论分析其在故障诊断应用上的可解释性，以及对于微小故障的检测能力。

③针对传统多元统计分析技术难以利用高阶信息的不足，建立基于栈式自编码网络的多级故障诊断框架，实现故障信息的逐级统计分析，更细致地反映过程运行状态及潜在的演变轨迹；通过建立的栈式自编码网络表示学习框架，实现模态辨识与故障诊断的整合，降低了多模态工况下模型切换的代价。

④将信息理论学习应用于故障检测，基于矩阵 Rényi 的 α-熵函数的互信息矩阵计算弥补流程工业难以实时计算概率密度函数的不足，在理论层面实现较大突破。

第二章　基于栈式自编码网络的故障诊断

2.1　引言

1943 年，心理学家 W. S. McCulloch 和数理逻辑学家 W. Pitts 建立了简单的神经网络数学模型——MP 神经元模型[68]，并给出了神经元的形式化数学描述，开创了人工神经网络研究的时代。神经网络由神经元节点之间的相互连接构成，每个节点处对应一种特定的输出函数——“激活函数”；每 2 个节点间的连接代表了通过该连接信号的加权值——权重，相当于神经网络的记忆能力。

神经网络是一种逻辑策略的表达方式，由若干个形式为：

$$y_i = f\Big(\sum_i w_i x_i - b_i\Big), \tag{2.1}$$

的函数相互嵌套组成，以此实现对函数的逼近。最简单的神经网络是具有 2 层神经元（包括一层功能神经元）的感知机，学习能力非常有限，仅适用于线性可分的情况。对于非线性可分问题，需要使用多层功能神经元，即采用“多层前馈神经网络”。神经网络的学习过程是基于大量数据进行网络训练，获取神经元之间的连接权重 w_i 及功能层的偏差 b_i，最常用的学习方法是误差反向传播（Back Propagation，BP）算法。

随着大数据时代的到来，深度学习思想的提出突破了传统神经网络在实际应用中的瓶颈，促使神经网络的研究工作在最近不断深入，并取得了很大的进展。Hornik 等[74] 证明了只需一个包含足够多神经元的隐层，多层前馈神经网络就能以任意精度逼近任何复杂度的连续函数。理论上，模型的参数越多，其结构复杂度越高，性能越强大，也就能完成更复杂的任务。深度学习技术结合类脑认知机制进行数据处理：图像、声音和文本等，在模式识别、自动控制、预测估计等研究领域中已成功应用，表现出了良好的智能特性。

在数据驱动的工业过程中，随着大量反映生产过程和设备运行的状态数据及监控变量的收集与存储，对数据进行处理所选用的表示学习方法制约着系统对“世界”的观测能力，并限制着系统的应急速度和调控水平。传统的多元统计分析方法通过分析测量变量之间的相关性，监视过程运行是否在期望的操作区域内。如果运行过程超出控制区域，表示发生了“异常或故障”。然而，多元统计分析方法是基于正常数据的一般分布信息进行监测模型的设计，对于实际的工业过程中，总是存在一些特定的故障类型，不易被检测。此外，在统计方式下检测阈值过大会掩盖微小故障的变化，过小又会增加误判率。鉴于系统的不确定性和复杂性，人工智能技术目前已成功用于故障诊断。但传统的神经网络受制于误差弥散和计算复杂性的影响，在实际应用中当有 3 个以上的隐层时，权重很难优化，进而难以学习到数据的深层次相关性特征。

事实上，统计分析技术和人工智能技术都是以不同的方式进行数据的预处理和表示。由于工业过程数据的动态性、大规模、多尺度和自相关等特征，当前的技术仍然难以捕获到足够灵活且强大的数据特征，而完备的数据表示在多层次的建模中更适用于决策任务。因此，对故障诊断中的细节性信息进行表示仍然是一个挑战。为了使用复杂函数表示高度抽象信息的提取，需要深层的网络架构，而对深层网络进行训练是一项艰巨的任务，直到 Hinton 与 Yann LeCun 一起提出了深度学习的概念。

深度学习技术通过对低层特征进行组合，形成更加抽象的高层表示，如分布式特征、类别标签等，在具有多个变量的复杂系统中的应用，包括故障诊断研究，尤其令人感兴趣。然而，现有的研究大都集中在感官数据的处理上，如图像和语音，而非多变量信号。对于故障信号，是否可以通过深度学习技术来学习数据中能够反映故障的细节性变化信息呢?

本章旨在对工业过程数据进行表示学习，利用深度学习技术中的栈式自编码网络结构进行特征提取，研究其在工业过程故障诊断中的应用，主要贡献如下：

- 将深度学习技术引入工业过程故障诊断的研究中，提出了基于栈式自编码网络的故障诊断算法，打破了传统方法对于微小故障检测的瓶颈；
- 受益于栈式稀疏自编码网络强大的表示学习能力，工业过程数据中隐含的相关性特征可以被有效地提取并表征；
- 基于栈式稀疏自编码网络的故障诊断框架结合分类器进行模式识别与检测，有效地提高了故障的检测率和分类准确性。

2.2　栈式自编码网络

由于在工业过程中，每个时刻采集的数据多数是一维信号，栈式稀疏自编码网络结构简单，并采用逐层训练的无监督学习方式，适用于工业过程中的信号处理。栈式稀疏自编码网络是由多个稀疏自编码网络堆叠而成的多隐层神经网络，属于常用的深度学习算法之一，本节将详细介绍其网络结构与训练方法。

2.2.1　稀疏自编码网络

自编码（Auto Encoder，AE）器是数据压缩的一种算法，于1986年由Rumelhart提出，旨在学习一个重构映射 $F: X \to \widehat{X}$，使得目标值等于输入值[85]，即

$$\widehat{X} = F(X) = g(f(X)) \approx X。 \tag{2.2}$$

自编码器由编码器和解码器2个部分组成，编码器对输入信号 X 进行编码得到编码后的信号 Y，解码器反向将编码后的信号 Y 进行解码获取输出信号 $\widehat{X}$，如图2.1所示。自编码器属于自监督学习算法，通过期望输出等于输入实现对输入数据的复现。事实上，解压缩后的输出与原始输入相比较是退化的。值得一提的是，对于自编码器我们所关心的是编码后的表示，也就是从输入层到编码层的映射：编码信号 Y 是输入 X 的一种映射表示，承载了原始信息中的主要驱动量/隐含关系。

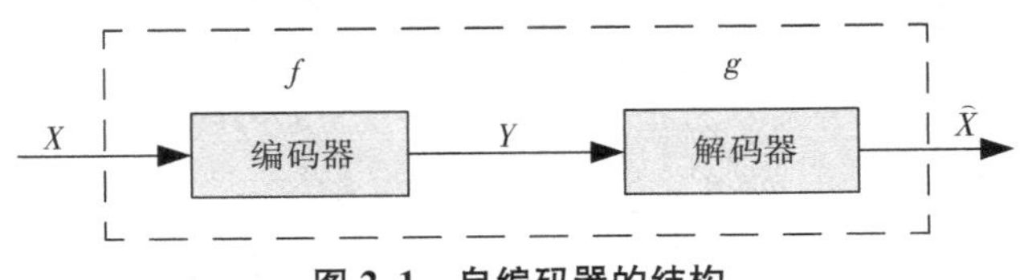

图2.1　自编码器的结构

当自编码器的压缩和解压缩通过神经网络实现时，称为自编码网络。自编码网络是一种无监督学习算法，能简单方便地编码出更丰富和更高阶的网络结构。给定具有 m 个样本的训练集合 $\{\boldsymbol{X}_1, \boldsymbol{X}_2, \cdots, \boldsymbol{X}_m\}$，每个样本有 n 个观测值 $\boldsymbol{X}_i = (x_{i,1}, x_{i,2}, \cdots, x_{i,n}) \in \mathbf{R}^{n \times 1}$，那么，$\forall i = 1, 2, \cdots,$

m，有

$$z_{i,k}=\sum_{j=1}^{n}w_{k,j}^{(1)}x_{i,j}+b_k^{(1)}；\ \forall k=1,2,\cdots,s, \tag{2.3}$$

$$h_{i,k}=f(z_{i,k}), \tag{2.4}$$

$$\hat{x}_{i,j}=\sum_{k=1}^{s}w_{j,k}^{(2)}h_{i,k}+b_j^{(2)},\ \forall j=1,2,\cdots,n, \tag{2.5}$$

其中，隐层输出 $\boldsymbol{H}_i=(h_{i,1},h_{i,2},\cdots,h_{i,s})\in\mathbf{R}^{s\times 1}$。因此，自编码网络是通过函数 $F_{\boldsymbol{W},b}$ 的作用将输入 X 映射为 $\widehat{X}$ 期望保持 $\widehat{X}\approx X$ 的关系，所学习的具体映射关系为：

$$\begin{aligned}\widehat{X}&=F_{\boldsymbol{W},\boldsymbol{b}}(X)\\&=g\circ f(\boldsymbol{W},\boldsymbol{b})(s)\circ X\\&\approx X,\end{aligned} \tag{2.6}$$

其中，$\boldsymbol{W}=[w^{(1)},w^{(2)}]$ 是权重矩阵，$\boldsymbol{b}=[b^{(1)},b^{(2)}]$ 是偏差矩阵，s 是隐层单元的数目，$f(\boldsymbol{W},\boldsymbol{b})^{(s)}\circ X$ 表示每个隐层的输出，g 为输出层上的映射函数。

自编码网络的结构由隐层单元数决定，包括图 2.2 所示的 2 种结构。一般情况下，隐层单元数要小于输入层单元数，此时隐层学习到的是输入的一个低维压缩表示，压缩表示对原始输入中的主要驱动量或者主成分特征的表示。当隐层单元的数量大于输入层单元的数量时，隐层学习到的是输入的高维扩张表示，此时可以通过对隐层施加限制条件来约束有效信息的提取，如稀疏性限制。

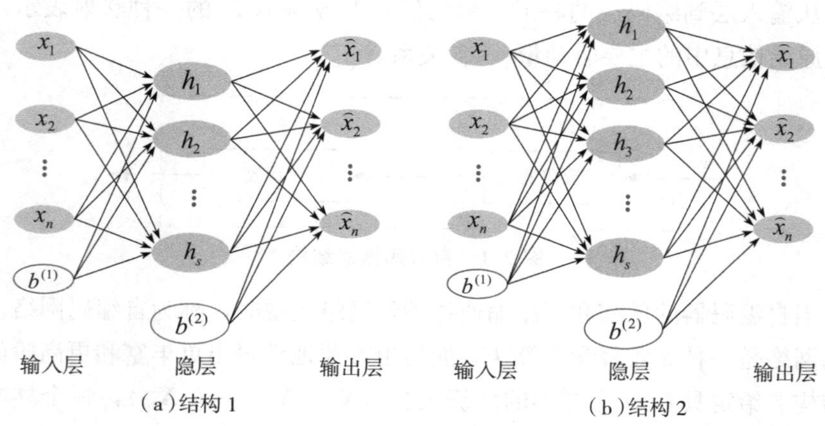

图 2.2 自编码网络的 2 种结构

另外，隐层单元是输入层单元之间的相互组合，隐层单元数越多，所学习到的输入单元之间的组合就越多。但是，当隐层单元的数量较大时，这些组合中包含大量的冗余信息，可能由同一个变量的多次测量或者不同变量的相同约束产生，进而导致病态或者共线性问题。因而，需要对隐层单元加入稀疏性限制，以便于去除冗余信息，得到原始输入中隐含的主要驱动量。以激活函数取 Sigmoid 函数为例，稀疏性限制是指当神经元的输出接近于 1 时激活该单元，当输出接近于 0 时抑制该单元[86]。

给定输入 X 时，定义自编码网络隐层单元 j 的激活度为 $f_j(X)$，则其平均激活度为：

$$\hat{\rho}_j = \frac{1}{m}\sum_{i=1}^{m}[f_j(z_i)], \tag{2.7}$$

为了使激活后的隐层神经元具有稀疏性，可定义 $\hat{\rho}_j = \rho$，ρ 是稀疏性参数，通常接近于零。为了实现这一限制，需要在目标函数中加入一个惩罚因子，惩罚平均激活度 $\hat{\rho}_j$ 与稀疏性参数 ρ 显著不同的情况，使隐层神经元的平均激活度保持在较小的范围内[86]。由于相对熵是用于度量 2 个分布之间差异性的一种标准，拟选取如下基于相对熵（又称“KL 散度”，Kullback-Leibler divergence）的函数作为惩罚因子：

$$\sum_{j=1}^{s} KL(\rho \| \hat{\rho}_j) = \sum_{j=1}^{s}\left[\rho\log_2\frac{\rho}{\hat{\rho}_j} + (1-\rho)\log_2\frac{1-\rho}{1-\hat{\rho}_j}\right], \tag{2.8}$$

其中，$KL(\rho \| \hat{\rho}_j)$ 是均值为 ρ 的伯努利随机变量与均值为 $\hat{\rho}_j$ 的伯努利随机变量之间的相对熵[86]。

注：①当 $\hat{\rho}_j = \rho$ 时，$KL(\rho \| \hat{\rho}_j) = 0$，并且 $KL(\rho \| \hat{\rho}_j)$ 随着 ρ 与 $\hat{\rho}_j$ 之间距离的增大而单调递增；

②当 ρ 接近 0 或者 1 时，相对熵趋于∞。

在最基本的神经网络中，参数训练以代价函数最小为准则。对于单个样本，其方差代价函数为：

$$J(\boldsymbol{W}, \boldsymbol{b}) = \frac{1}{2}\|\hat{X}_i - X_i\|^2, \tag{2.9}$$

对于包含 m 个样本的训练集合 $X_1, X_2, \cdots, X_m$，其整体代价函数为：

$$\begin{aligned} J(\boldsymbol{W}, \boldsymbol{b}) &= \left[\frac{1}{m}\sum_{i=1}^{m} J(\boldsymbol{W}, \boldsymbol{b}; \hat{X}_i, X_i)\right] + \frac{\lambda}{2}\sum_{l=1}^{2}\sum_{i=1}^{m}\sum_{j=1}^{n}(W_{ji}^{(l)})^2 \\ &= \left[\frac{1}{m}\sum_{i=1}^{m}\left(\frac{1}{2}\|\tilde{x}^{(i)} - x^{(i)}\|^2\right)\right] + \frac{\lambda}{2}\sum_{l=1}^{2}\sum_{i=1}^{m}\sum_{j=1}^{n}(W_{ji}^{(l)})^2, \end{aligned} \tag{2.10}$$

式（2.10）中，第 2 项是权重衰减的规则化项。λ 是权重衰减参数，用于控制式子中第 1 项和第 2 项的相对重要性，防止过拟合。那么，稀疏自编码网络的损失函数为：

$$
\begin{aligned}
J_{sparse}(\boldsymbol{W},\ \boldsymbol{b}) &= J(\boldsymbol{W},\ \boldsymbol{b}) + \beta \sum_{j=1}^{m} KL(\rho \| \hat{\rho}_j) \\
&= \left[\frac{1}{m}\sum_{i=1}^{m} J(\boldsymbol{W},\ \boldsymbol{b};\ \hat{X}_i,\ X_i)\right] + \frac{\lambda}{2}\sum_{l=1}^{2}\sum_{i=1}^{m}\sum_{j=1}^{n}(W_{ji}^{(l)})^2 + \\
&\quad \beta \sum_{j=1}^{m} KL(\rho \| \hat{\rho}_j) \\
&= \left[\frac{1}{m}\sum_{i=1}^{m}\left(\frac{1}{2}\|\tilde{x}^{(i)} - x^{(i)}\|^2\right)\right] + \frac{\lambda}{2}\sum_{l=1}^{2}\sum_{i=1}^{m}\sum_{j=1}^{n}(W_{ji}^{(l)})^2 + \\
&\quad \beta \sum_{j=1}^{m}\left[\rho \log_2 \frac{\rho}{\hat{\rho}_j} + (1-\rho)\log_2 \frac{1-\rho}{1-\hat{\rho}_j}\right]。
\end{aligned}
\tag{2.11}
$$

为了求目标函数的最小值，首先随机初始化生成权重和偏差的值使其接近于 0，其次使用批量梯度下降法进行优化。具体地，参数 $\boldsymbol{W}$ 与 $\boldsymbol{b}$ 的更新是基于偏导数迭代进行，如下：

$$
w_{ij}^{(l)} = w_{ij}^{(1)} - \alpha \frac{\partial}{\partial w_{ji}^{(1)}} J_{sparse}(\boldsymbol{W},\ \boldsymbol{b}),\ \forall l = 1,\ 2, \tag{2.12}
$$

$$
b_i^{(l)} = b_i^{(1)} - \frac{\partial}{\partial b_i^{(1)}} J_{sparse}(\boldsymbol{W},\ \boldsymbol{b}), \tag{2.13}
$$

其中，α 是学习速率。

对于偏导数$\frac{\partial}{\partial \boldsymbol{w}}$和$\frac{\partial}{\partial \boldsymbol{b}}$的计算，可以采用反向传播算法：

①前馈传播，分别根据公式（2.3）和公式（2.4）计算隐含层和输出层上每个单元的激活值 $h_{i,k}$，$\hat{x}_{i,j}$；

②对于输出层 $l=3$ 的每一个输出单元 j，计算残差 $\delta_j^{(l)}$：

$$
\begin{aligned}
\delta_j^{(3)} &= \frac{\partial}{\partial z_j^3} J_{sparse}(\boldsymbol{W},\ \boldsymbol{b}) \\
&= \frac{\partial}{\partial z_j^3} \frac{1}{2} \|\hat{X}^{(i)} - f(\boldsymbol{w}^{(2)} H_i + \boldsymbol{b}^{(2)})\|^2 \\
&= -(\hat{X}_{i,\ j} - f(w_{k,\ j}{}^{(2)} h_{i,\ k} + \boldsymbol{b}^{(2)}))f'(z_j^3),
\end{aligned}
\tag{2.14}
$$

③对于隐层 $l=2$ 的每一个节点 k，计算：

$$\delta_k^{(2)}=\left(\sum_{j=1}^{n}\boldsymbol{w}^{(2)}\delta_j^{(3)}-\widetilde{x}^{(i)}\right)f'(z_k^2), \tag{2.15}$$

④计算偏导数：

$$\frac{\partial}{\partial w_{i,j}^{(2)}}J_{sparse}(\boldsymbol{W},\ \boldsymbol{b})=-\delta_i^{(3)}f(w_j^{(1)}x_{i,j}+b_i^{(1)}), \tag{2.16}$$

$$\frac{\partial}{\partial b_i^{(2)}}J_{sparse}(\boldsymbol{W},\ \boldsymbol{b})=-\delta_i^{(3)}。 \tag{2.17}$$

在自编码网络中，隐层的输入是对输入层的编码，实际上是对上一层的输出进行了非线性变换，即“非线性映射”。那么从表示学习的角度，隐层的输出实际上是对输入进行映射后学习到的特征表示，反映的是输入中隐含的相关性关系。自编码网络属于浅层的网络结构，所谓的“浅”是指隐层的数目较少，仅进行了一个周期的编码与解码。

2.2.2　栈式稀疏自编码网络

栈式稀疏自编码（Stacked Sparse Auto Encoder，SSAE）网络是由多个稀疏自编码网络堆叠而成，以前一层自编码网络的输出作为后一层自编码网络的输入[86]，如图 2.3 所示。

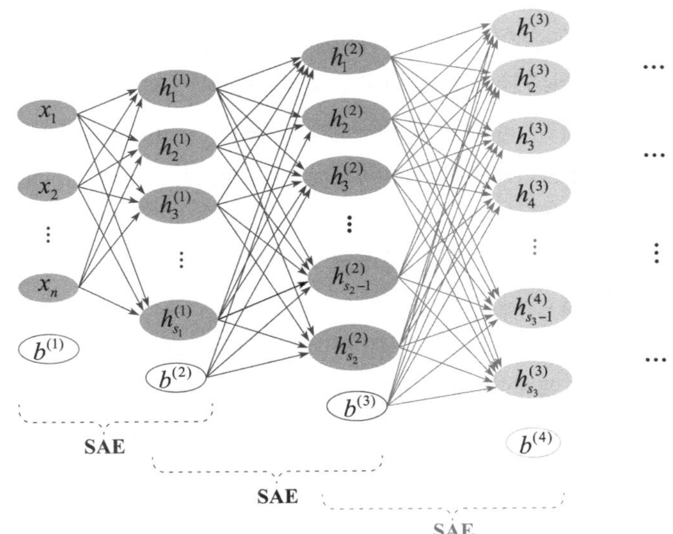

图 2.3　栈式自编码网络的多隐层结构

对于一个结构为“1−l−1”的具有 l 个隐层的栈式自编码网络，网络参数为：输入单元数目 n，隐层数目 l，隐层单元数目 $\boldsymbol{s}=(s_{(1)}, s_{(2)}, \cdots, s_{(l)})$，权重矩阵 $\boldsymbol{W}=(\boldsymbol{w}^{(1)}, \boldsymbol{w}^{(2)}, \cdots, \boldsymbol{w}^{(l)}, \boldsymbol{w}^{(l+1)})$，偏差矩阵 $\boldsymbol{b}=(\boldsymbol{b}^{(1)}, \boldsymbol{b}^{(2)}, \cdots, \boldsymbol{b}^{(l)}, \boldsymbol{b}^{(l+1)})$。该栈式自编码网络的编码过程为：

$$h^{(t)}=f(z^{(t)}), \ \forall t=1, 2, \cdots, l, \tag{2.18}$$

$$z^{(t)}=w^{(t, 1)}h^{(t-1)}+b^{(t, 1)}, \tag{2.19}$$

解码过程为：

$$h^{(l+t+2)}=f(z^{(l+t+2)}), \ \forall t=1, 2, \cdots, l, \tag{2.20}$$

$$z^{(l+t+3)}=w^{(l+2-t, 2)}h^{(l+t+2)}+b^{(l+2-t, 2)}。 \tag{2.21}$$

栈式自编码网络中每一个隐层都是前一层输出的非线性映射，那么每增加一个隐层，就可以计算出更加复杂的特征表示。因而，使用“多隐层/深层”的神经网络结构将会比使用“浅层”的网络架构具有更好的非线性表达能力。作为一种多层次的网络结构模型，深度网络能以更加紧凑的方式表达比浅层网络大得多的函数集合[87]。

但是，对于传统的神经网络，简单地增加网络中的隐层数量对于训练整个网络具有一定的难度[74]，这是因为误差函数是一个高度非凸函数，具有很多局部极值；利用梯度法求解时，在误差的反向传播过程中梯度会急剧减小，造成整体的损失函数相对于最初几层的权重参数的导数非常小，进而导致最初几层的权重参数的变化非常缓慢。

随着 Hiton 等在 2006 年提出“深度学习”这一概念，“逐层贪婪”的训练方法成为多隐层网络较为有效的参数训练方法[88]。“逐层贪婪”的训练方法是指在训练过程中，每次只训练一个子网络块，依次推进整个网络的训练，再基于最终的损失函数对整个网络进行“微调”。在每层的训练中，既可以使用有监督的训练方法，也可以使用无监督的训练方法[89]。

针对栈式自编码网络，首先利用输入的样本数据训练网络的第一层次，即第一个自编码器，得到权重 $\boldsymbol{w}^{(1)}=[w^{(1,1)}, w^{(1,2)}]$ 和偏差 $\boldsymbol{b}^{(1)}=[b^{(1,1)}, b^{(1,2)}]$，保存参数 $w^{(1,1)}$ 和 $b^{(1,1)}$；然后将第一层次中隐层的激活值作为第 2 个自编码器的输入，训练第 2 个自编码器，得到权重 $\boldsymbol{w}^{(2)}=[w^{(2,1)}, w^{(2,2)}]$ 和偏差 $\boldsymbol{b}^{(2)}=[b^{(2,1)}, b^{(2,2)}]$，保存参数 $w^{(2,1)}$ 和 $b^{(2,1)}$；依次进行，直到完成所有层次的训练，得到参数 $\boldsymbol{W}=[w^{(1,1)}, w^{(2,1)}, \cdots, w^{(l,1)}, w^{(l+1,1)}]$，$\boldsymbol{b}=[b^{(1,1)}, b^{(2,1)}, \cdots, b^{(l,1)}, b^{(l+1,1)}]$；最后，对参数 $\boldsymbol{W}$ 和 $\boldsymbol{b}$ 进行微调。

微调是指对模型中的参数采用误差反向传播进行整体修正，适用于具有任意多层的栈式自编码网络。使用反向传播算法进行微调的步骤如下：

①分别计算第 2 层、第 3 层直到输出层的激活值 $h_k^{(1)}$，$h_k^{(2)}$，…，$h_k^{(l)}$，$\hat{x}_j$；

②对于输出层，令 $\delta^{(l+2)} = -(\nabla_{h^{(l+2)}} J_{sparse}) f'(z^{(l+2)})$；

③对于隐层 $t=l-1$，$l-2$，…，2，令 $\delta^{(t)} = ((\boldsymbol{w}^{(t)})^{\mathrm{T}} \boldsymbol{\delta}^{(t+1)}) \cdot f'(z^{(l)})$；

（4）计算偏导数：

$$\nabla_{w(t)} J_{sparse}(\boldsymbol{W}, \boldsymbol{b}) = \boldsymbol{\delta}^{(t+1)} (\boldsymbol{h}^{(t)})^{\mathrm{T}}, \tag{2.22}$$

$$\nabla_{b(t)} J_{sparse}(\boldsymbol{W}, \boldsymbol{b}) = \boldsymbol{\delta}^{(t+1)}。 \tag{2.23}$$

栈式自编码网络使用逐层训练的方法，具有 2 个方面的优势：

①自编码网络属于自学习机制，可以进行无监督训练，不依赖于训练样本是否具有标签；

②逐层训练后，生成的网络连接权重已经在相对较优的位置上，微调后更容易获得更好的局部极值。

2.3　Logistic 回归与 Softmax 分类器

分类是指基于数据学习一个分类函数，该函数能够把数据映射到给定类别中的某一个类别。分类器（Classifier）是数据挖掘中对样本进行分类的方法统称，包含决策树、逻辑回归、朴素贝叶斯、神经网络等算法[90]。为了从连续的统计数据中得到数学模型，本节介绍最基本的 Logistic 回归分析和 Softmax 分类器。

2.3.1　Logistic 回归分析

Logistic 回归是一种广义的线性回归模型。给定具有 m 个已标记样本的训练集合 $\{(\boldsymbol{X}_1, y_1), (\boldsymbol{X}_2, y_2), \cdots, (\boldsymbol{X}_m, y_m)\}$，其中，样本的输入特征 $\boldsymbol{X}_i = (x_{i,1}, x_{i,2}, \cdots, x_{i,n})^{\mathrm{T}} \in \mathbf{R}^{n\times 1}$，样本的标签 $\{y_i\} \in \{0, 1\}$。

首先，引入参数 $\boldsymbol{\theta} = (\theta_1, \theta_2, \cdots, \theta_n)$ 对样本属性进行加权，得到 $\boldsymbol{\theta}^{\mathrm{T}} \boldsymbol{X}_i$；然后引入 Sigmoid 函数作为 Logistic 回归的假设函数，记为“$h_\theta(X)$”，如下：

$$h_{\theta}(X)=\frac{1}{1+\mathrm{e}^{-\boldsymbol{\theta}^{\mathrm{T}}X}}, \tag{2.24}$$

那么，Logistic 回归就是要训练模型参数 $\boldsymbol{\theta}$，使其能够最小化损失/代价函数：

$$\begin{aligned}J(\boldsymbol{\theta})&=-\frac{1}{m}\left[\sum_{i=1}^{m}y_i\log_2 h_{\boldsymbol{\theta}}(\boldsymbol{X}_i)+(1-y_i)\log_2\Big(1-h_{\boldsymbol{\theta}}(\boldsymbol{X}_i)\Big)\right]\\&=-\frac{1}{m}\left[\sum_{i=1}^{m}\sum_{j=0}^{l}1\{y_i=j\}\log_2 P(y_i=j\mid\boldsymbol{X}_i;\ \boldsymbol{\theta})\right]。\end{aligned} \tag{2.25}$$

注：Sigmoid 函数图象如图 2.4 所示。从图中可以看出 Sigmoid 函数的取值介于 0 和 1 之间，也就是说假设函数 $h_{\boldsymbol{\theta}}(X)$ 所求得的是 X 属于类别的概率，即 $P(y=i\,|\,X;\ \boldsymbol{\theta})=h_{\boldsymbol{\theta}}(X)$，$\forall i\in\{0,\ 1\}$。

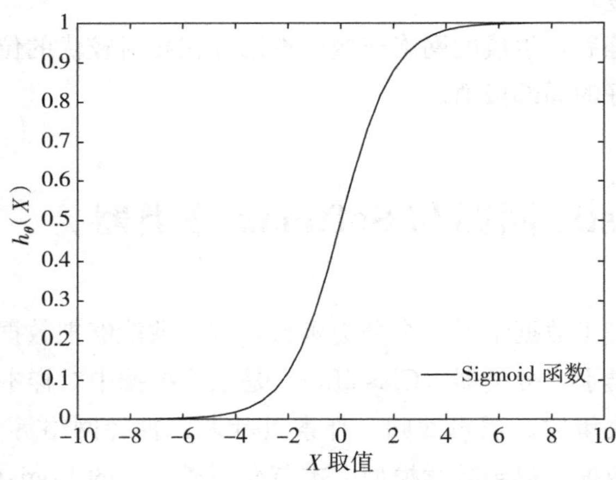

图 2.4 Sigmoid 函数

对于训练样本集合 $\{(\boldsymbol{X}_1,\ y_1),\ (\boldsymbol{X}_2,\ y_2),\ \cdots,\ (\boldsymbol{X}_m,\ y_m)\}$，假设样本之间是相互独立的，其联合概率密度为：

$$\prod_{i=1}^{m}P(y_i\mid\boldsymbol{X}_i;\ \boldsymbol{\theta})=\prod_{i=1}^{m}(h_{\boldsymbol{\theta}}(\boldsymbol{X}_i))^{y_i}(1-h_{\boldsymbol{\theta}}(\boldsymbol{X}_i)^{(1-y_i)}), \tag{2.26}$$

显然，联合概率密度函数对应的也就是似然函数，那么 Logistic 回归就是要选择合适的参数 $\boldsymbol{\theta}$ 使得似然函数最大化。由于损失函数

$$J(\boldsymbol{\theta})=\log_2\Big(\prod_{i=1}^{m}P(y_i\mid\boldsymbol{X}_i;\ \boldsymbol{\theta})\Big), \tag{2.27}$$

到此，也就是选择合适的参数 $\boldsymbol{\theta}$ 使得损失函数最小化。

最小化损失函数 $J(\boldsymbol{\theta})$，即参数 $\boldsymbol{\theta}$ 的求解，可采用迭代的优化算法，如

梯度下降法：

①对参数 $\boldsymbol{\theta}$ 求导得到梯度如下：

$$
\begin{aligned}
\frac{\partial}{\partial\theta_j}J(\boldsymbol{\theta}) &= \left[y\frac{1}{h_{\boldsymbol{\theta}}(X)}-(1-y)\frac{1}{1-h_{\boldsymbol{\theta}}(X)}\right]\frac{\partial}{\partial\theta_j}h_{\boldsymbol{\theta}}(X) \\
&= \left[y\frac{1}{h_{\boldsymbol{\theta}}(X)}-(1-y)\frac{1}{1-h_{\boldsymbol{\theta}}(X)}\right]h_{\boldsymbol{\theta}}(X)(1-h_{\boldsymbol{\theta}}(\boldsymbol{X}_i))\frac{\partial}{\partial\theta_j}\boldsymbol{\theta}^{\mathrm{T}}X \\
&= [y(1-h_{\boldsymbol{\theta}}(X))-(1-y)h_{\boldsymbol{\theta}}(X)]\boldsymbol{X}_j \\
&= (y-h_{\boldsymbol{\theta}})\boldsymbol{X}_j\text{。}
\end{aligned} \tag{2.28}
$$

②根据更新法则来对参数进行更新：

$$\boldsymbol{\theta}_j := \boldsymbol{\theta}_j-\alpha(y_i-h_{\boldsymbol{\theta}}(\boldsymbol{X}_i))\boldsymbol{X}_{i,j}\text{。} \tag{2.29}$$

2.3.2　Softmax 分类器

Logistic 分类器是以伯努利（Bernoulli）分布为模型进行建模，可以用来分辨 2 类带标签的样本；而对于多分类问题，需采用 Softmax 分类器。Softmax 分类器是 Logistic 回归模型在多分类问题上的推广，是以多项式分布为模型进行建模。

在多分类问题中，分类标签 y 可以取 2 个以上的值，即对于训练样本集 $\{(\boldsymbol{X}_1, y_1), (\boldsymbol{X}_2, y_2), \cdots, (\boldsymbol{X}_m, y_m)\}$，样本的标签 $\{y_i\}\in\{1, 2, \cdots, r\}$。需要注意的是，在 Softmax 分类器中，类别标签从 1 开始，而不再是 0。对于给定的输入 X_i，其假设函数 $h_{\boldsymbol{\theta}}(X)$ 如下：

$$h_{\boldsymbol{\theta}}(X)=\begin{bmatrix}p(y_i=1\mid\boldsymbol{X}_i;\boldsymbol{\theta})\\p(y_i=2\mid\boldsymbol{X}_i;\boldsymbol{\theta})\\\vdots\\p(y_i=r\mid\boldsymbol{X}_i;\boldsymbol{\theta})\end{bmatrix}=\frac{1}{\sum_{j=1}^{r}\mathrm{e}^{\boldsymbol{\theta}_j^{\mathrm{T}}X^{(i)}}}\begin{bmatrix}\mathrm{e}^{\boldsymbol{\theta}_1^{\mathrm{T}}X^{(i)}}\\\mathrm{e}^{\boldsymbol{\theta}_2^{\mathrm{T}}X^{(i)}}\\\vdots\\\mathrm{e}^{\boldsymbol{\theta}_r^{\mathrm{T}}X^{(i)}}\end{bmatrix} \tag{2.30}$$

其中，$\boldsymbol{\theta}_1$，$\boldsymbol{\theta}_2$，…，$\boldsymbol{\theta}_r$ 是模型的参数，记为

$$\boldsymbol{\theta}=\begin{bmatrix}\boldsymbol{\theta}_1^{\mathrm{T}}\\\boldsymbol{\theta}_2^{\mathrm{T}}\\\vdots\\\boldsymbol{\theta}_r^{\mathrm{T}}\end{bmatrix},$$

$\frac{1}{\sum_{j=1}^{r} e^{\boldsymbol{\theta}_j^{\mathrm{T}} X^{(i)}}}$项是对概率分布的归一化，旨在使概率之和为 1。那么，似然函数为：

$$J(\boldsymbol{\theta}) = -\frac{1}{m}\left[\sum_{i=1}^{m}\sum_{j=1}^{k} 1\{y^{(i)} = j\}\log_2 \frac{e^{\boldsymbol{\theta}_j^{\mathrm{T}} X_i}}{\sum_{j=1}^{k} e^{\boldsymbol{\theta}_j^{\mathrm{T}} X_i}}\right] + \frac{\lambda}{2}\sum_{i=1}^{k}\sum_{j=0}^{n}\theta_{ij}^2。 \quad (2.31)$$

同样，对于此分类器中 $J(\boldsymbol{\theta})$ 的最小化问题，目前尚没有闭式解法，可使用梯度下降法。经过求导，梯度公式为：

$$\nabla_{\theta_j} J(\boldsymbol{\theta}) = -\frac{1}{m}\sum_{i=1}^{m}[\boldsymbol{X}_i(1\{y^{(i)} = j\} - P(y_i = j \mid \boldsymbol{X}_i; \boldsymbol{\theta}))], \quad (2.32)$$

$\nabla_{\theta_j} J(\boldsymbol{\theta})$ 的第 l 个元素$\frac{J(\boldsymbol{\theta})}{\theta_{jl}}$是 $J(\boldsymbol{\theta})$ 对 θ_j 的第 l 个分量的偏导数，更新法则为：

$$\boldsymbol{\theta}_j := \boldsymbol{\theta}_j - \alpha \nabla_{\boldsymbol{\theta}_j} J(\boldsymbol{\theta}),\ \forall j = 1, 2, \cdots, k。 \quad (2.33)$$

事实上，Softmax 回归的参数集是有冗余的，即从参数 $\boldsymbol{\theta}_j$ 中减去向量 $\boldsymbol{\psi}$，便有：

$$\begin{aligned} P(y_i = j \mid \boldsymbol{X}_i; \boldsymbol{\theta}) &= \frac{e^{(\boldsymbol{\theta}_j - \boldsymbol{\psi})^{\mathrm{T}} \boldsymbol{X}_i}}{\sum_{l=1}^{k} e^{(\boldsymbol{\theta}_j - \boldsymbol{\psi})^{\mathrm{T}} \boldsymbol{X}_i}} \\ &= \frac{e^{(\boldsymbol{\theta}_j)^{\mathrm{T}} \boldsymbol{X}_i} e^{(-\boldsymbol{\psi})^{\mathrm{T}} \boldsymbol{X}_i}}{\sum_{l=1}^{k} e^{(\boldsymbol{\theta}_j)^{\mathrm{T}} \boldsymbol{X}_i} e^{(-\boldsymbol{\psi})^{\mathrm{T}} \boldsymbol{X}_i}} \\ &= \frac{e^{(\boldsymbol{\theta}_j)^{\mathrm{T}} \boldsymbol{X}_i}}{\sum_{l=1}^{k} e^{(\boldsymbol{\theta}_j)^{\mathrm{T}} \boldsymbol{X}_i}}, \end{aligned} \quad (2.34)$$

也就是说，从参数 $\boldsymbol{\theta}_j$ 中减去向量 $\boldsymbol{\psi}$ 并不影响假设函数的预测，换言之，Softmax 模型被过度参数化了。即对任意 $\boldsymbol{\psi}$，

$$\boldsymbol{\theta} = \begin{bmatrix} \boldsymbol{\theta}_1^{\mathrm{T}} \\ \boldsymbol{\theta}_2^{\mathrm{T}} \\ \vdots \\ \boldsymbol{\theta}_r^{\mathrm{T}} \end{bmatrix} \text{和} \boldsymbol{\theta} = \begin{bmatrix} (\boldsymbol{\theta}_1 - \boldsymbol{\psi})^{\mathrm{T}} \\ (\boldsymbol{\theta}_2 - \boldsymbol{\psi})^{\mathrm{T}} \\ \vdots \\ (\boldsymbol{\theta}_r - \boldsymbol{\psi})^{\mathrm{T}} \end{bmatrix}$$

都是损失函数 $J(\boldsymbol{\theta})$ 的极小值点。

为了保证损失函数 $J(\boldsymbol{\theta})$ 的解唯一，通过添加一个权重衰减项使其为严格凸函数：

$$J(\boldsymbol{\theta}) = -\frac{1}{m}\left[\sum_{i=1}^{m}\sum_{j=1}^{k}1\{y^{(i)}=j\}\log_2\frac{\mathrm{e}^{\boldsymbol{\theta}_j^{\mathrm{T}}\boldsymbol{X}_i}}{\sum_{i=1}^{k}\mathrm{e}^{\boldsymbol{\theta}_j^{\mathrm{T}}\boldsymbol{X}_i}}\right]+\frac{\lambda}{2}\sum_{i=1}^{k}\sum_{j=0}^{n}\theta_{ij}^2, \quad (2.35)$$

此时，梯度公式为：

$$\nabla_{\boldsymbol{\theta}_j}J(\boldsymbol{\theta}) = -\frac{1}{m}\sum_{i=1}^{m}[\boldsymbol{X}_i(1\{y^{(i)}=j\}-P(y_i=j \mid \boldsymbol{X}_i;\ \boldsymbol{\theta}))]+\lambda\boldsymbol{\theta}_j。 \quad (2.36)$$

值得一提的是，在应用中如果是多类别分类，使用 Softmax 分类器或者多个 Logistic 分类器都可以，但若是类别之间互斥，Softmax 分类器更适用。

2.4　基于栈式自编码网络的故障诊断

在数据驱动的工业过程中，有用的信息并不都是直观可见的，需要对数据进行挖掘和分析，通过选取合适的数据表示模型来获取数据中隐含的抽象信息。从表示学习（Representation Learning，RL）的角度，深度学习技术促使对输入信号进行逐层加工，从而把初始的、与输出目标之间联系不够密切的输入，转化为与输出目标直接相关的表示——通过多层的非线性组合，逐渐将初始的“低层”的特征表示转化或抽象为“高层”的特征表示[4,91]。

从机器学习的角度进行分析，特征表示是故障诊断的一个关键步骤，既然表示学习适用于大型的多变量应用系统，那么将深度学习技术应用于故障诊断领域是否可行呢？事实上，将表示学习技术应用于故障诊断方面的研究中是一项具有挑战性的任务[92-93]，主要面临 3 个难点：①深度学习的思想源于图像处理的发展，图像中所需识别的对象的结构特征相对固定，可以通过像素的组合学习，但故障随着时间的演变中存在模式多变性和形状多变性，更难以检测；②深度学习算法是否能针对不同类型工业过程数据提取出其中隐含的“层次性特征”、“部分—整体特征”或“相关性特征”是未知的；③基于深度学习的故障检测的机制和能力尚未得到很完善的探索，特别是对于难以直接观察到变化的早期、微小故障。特别地，微小故障检测是传统过程控制方法的瓶颈[4]。

基于栈式自编码网络的故障诊断算法包括特征提取与模式分类2部分。该算法的基本思想是：对于大量的未标记样本，无监督地训练级联的自编码网络；对于少量的标记样本，利用训练好的栈式自编码网络进行特征提取，然后结合分类器进行模型参数的有监督微调。算法流程图如图2.5所示。

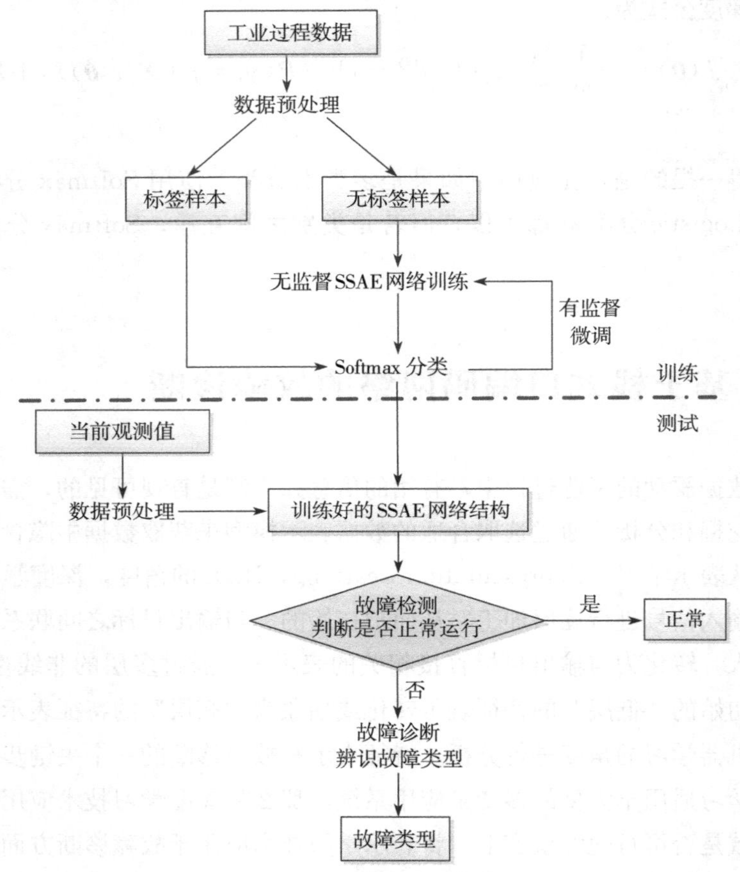

图2.5　基于栈式自编码网络的故障诊断流程图

基于栈式自编码网络的故障诊断步骤为：

第1步　离线训练阶段

ⅰ）数据预处理：对于给定的训练集 X_{train}，进行标准化预处理得到 $\widehat{X}_{train}$：

$$\widehat{X}_{train}=\frac{X_{train}-mean(X_{train})}{std.(X_{train})}。$$

ⅱ）参数初始化：根据经验设置栈式稀疏自编码网络的初始化结构参数，即隐层的层数和每层的单元数，同时随机初始化其连接参数，即权重和偏差。

ⅲ）无监督训练：利用大量的未标记历史样本采用“逐层贪婪”的方法训练网络参数，包括网络的结构参数和权重。

ⅳ）对于有标记的历史样本，基于上面的多隐层网络进行特征提取。

ⅴ）将提取的特征作为分类器的输入，根据损失函数进行误差的反向传播，实现分类器参数的训练及网络参数的有监督微调。

第 2 步　在线监控阶段

ⅰ）数据预处理：对于测试样本 X_{test}，利用训练集的均值和方差进行预处理得到 $\widehat{X}_{test}$：

$$\widehat{X}_{test}=\frac{X_{test}-mean(X_{train})}{std.(X_{train})}。$$

ⅱ）表示学习：对于每个测试样本 $\widehat{X}_{test}$，基于上述训练好的栈式自编码网络进行特征提取，得到 H_{test}。

ⅲ）将提取的测试样本的特征作为分类器的输入，实现故障的检测（二分类）与辨识（多分类）。

2.5　TE 过程实验验证

Tennessee Eastman（TE）过程是由美国 Tennessee Eastman 化学公司控制部门的 Downs 和 Vogel 于 1993 年提出基于实际工业过程的仿真示例[94]。作为一个化工基准过程的模拟模型，TE 过程为评价过程控制和监控方法提供了一个现实的环境，已经被广泛作为连续过程监视、诊断和调控的研究平台。本节采用 TE 过程验证所提出的诊断方法的可行性和有效性。

2.5.1　TE 过程介绍

TE 过程由 5 个主要单元组成，即反应器、冷凝器、分离器、汽提器和循环压缩机[95]。该过程共有 4 种反应物（A、C、D、E），2 种生成物（G、H），同时包含惰性催化剂（B）和副产品（F）[95]。TE 系统中相关的化学反应公式如下：

$$A(g)+C(g)+D(g)\longrightarrow G(l),$$
$$A(g)+C(g)+E(g)\longrightarrow H(l),$$
$$A(g)+E(g)\longrightarrow F(l),$$
$$3D(g)\longrightarrow 2F(l)。$$

其中，g 代表气体，l 表示液体。所有的反应都是不可逆的放热反应，反应速度取决于反应物的浓度及温度。图 2.6 给出了 TE 过程的工艺流程，其更为详细的过程描述参见文献［95］及 Chiang 等[96] 的第八章介绍。

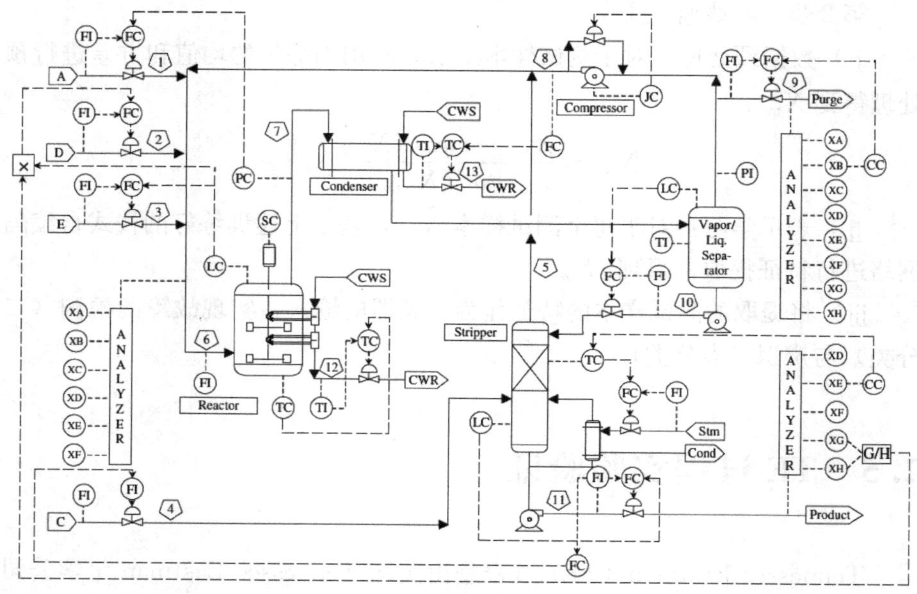

图 2.6　TE 过程的工艺流程

TE 控制结构是一个闭环的数据生成过程，整个过程有 52 个过程变量，包括 12 个操作变量和 41 个测量变量（22 个连续变量、19 个成分变量）[95]，如表 2.1 所示。TE 过程中共有 21 种不同的故障类型，如表 2.2 所示，其中故障 1～7 是阶跃故障，故障 8～12 是方差增大的随机故障，故障 13 是因反应器中反应速率缓慢漂移，而故障 14～15 是阀门失灵故障[95]。TE 过程已广泛用于故障诊断研究，其实验数据既可以由仿真平台运行生成（详见 http://depts. washington. edu/control/LARRY/TE/download. html），也可以从网址：http://web. mit. edu/braatzgroup/links. html 下载。在下载的这一基准集中，训练集的每一类故障均包含 480 个样本，测试集的每一类故障均包含 960 个样本，其中故障是从第 8 个小时引入，对应于第 161 个样本，采样间隔为 3 分钟。

表 2.1　TE 过程中的测量变量

变量编号	成分变量	变量编号	连续变量
采样间隔	6 mins	采样间隔	3 mins
1	物料 A 的流量（流 6）	1	物料 A 的流量（流 1）
2	物料 B 的流量（流 6）	2	物料 D 的流量（流 2）
3	物料 C 的流量（流 6）	3	物料 E 的流量（流 3）
4	物料 D 的流量（流 6）	4	物料 A、C 的流量（流 4）
5	物料 E 的流量（流 6）	5	循环流量（流 4）
6	物料 F 的流量（流 6）	6	反应器进料流量（流 6）
7	物料 A 的流量（流 9）	7	反应器压力
8	物料 B 的流量（流 9）	8	反应器液位
9	物料 C 的流量（流 9）	9	反应器温度
10	物料 D 的流量（流 9）	10	放空速率（流 9）
11	物料 E 的流量（流 9）	11	分离器温度
12	物料 F 的流量（流 9）	12	分离器液位
13	物料 G 的流量（流 9）	13	分离器压力
14	物料 H 的流量（流 9）	14	分离器底部流量
采样间隔	15 mins	15	汽提塔液位
15	物料 D 的流量	16	汽提塔压力
16	物料 E 的流量	17	汽提塔底部流量
17	物料 F 的流量	18	汽提塔温度
18	物料 G 的流量	19	汽提塔流量
19	物料 H 的流量	20	压缩机功率
		21	反应器冷却水出口温度
		22	分离器冷却水出口温度

表 2.2 TE 过程中的故障类型

故障类型	故障描述	故障类型
1	A/C 供料比故障，B 成分恒定	阶跃型
2	B 浓度故障，A/C 供料比恒定	阶跃型
3	D 供料温度	阶跃型
4	反应冷却水内部温度	阶跃型
5	压缩机冷凝水内部温度	阶跃型
6	A 供料损伤（管道 1）	阶跃型
7	管头压力损失造成 C 供料不足	阶跃型
8	A、B、C 供料浓度	随机扰动
9	D 供料温度	随机扰动
10	C 供料温度	随机扰动
11	反应器冷却水入口温度	随机扰动
12	压缩机冷凝水内部温度	随机扰动
13	反应器中的反应程度	慢漂移
14	冷凝水阀门	黏滞型
15	压缩机冷凝水阀门	黏滞型
16	未知	未知
17	未知	未知
18	未知	未知
19	未知	未知
20	未知	未知
21	流 4 的阀门固定在稳态位置	位置不变

2.5.2 故障检测

为了验证本章所提出方法的检测性能，本小节实验分为 2 个部分：与线性方法对比和与非线性方法对比。由于测试集中正常工况下仅有 500 个样本，而故障样本有 480×21＝10 080 个，为了避免不同类别之间的数据不均衡问题，现将测试集中每类故障的前 100 个正常样本融入训练集，以扩充正常样本数量。测试集中剩余的 860 个样本仍作为是测试样本，用以检测故障是否发生。

为了评估所提方法的性能，这里考虑了 3 个常用的指标：故障检测率（Fault Detection Rate，FDR）、故障误警率（Fault Alarm Rate，FAR）和漏检率（Miss Alarm Rate，MAR）[96]：

$$FDR=\frac{\text{故障状态下，检测出的故障样本数}}{\text{总的故障样本数}}\times 100，\tag{2.34}$$

$$FAR=\frac{\text{正常状态下，检测出的故障样本数}}{\text{总的正常样本数}}\times 100，\tag{2.35}$$

$$MAR=\frac{\text{故障状态下，检测出的正常样本数}}{\text{总的故障样本数}}\times 100。\tag{2.36}$$

（1）与线性方法对比

将该算法的检测性能与线性分类方法：主成分分析（PCA）、独立成分分析（ICA）、动态主成分分析（Dynamic PCA，DPCA）、动态独立成分分析（Dynamic ICA，DICA）进行比较。测试数据集上的平均故障检测率如图 2.7 所示。显然，基于栈式稀疏自编码网络的诊断方法的平均检测精度最高，比动态独立成分分析高出 2.62%。这 20 种故障类型的平均漏检率仅为 1.5%，也就是说只有 258 个故障样本没有被检测出，这个数值相对于测试样本总数 860×20=17 200 是可以接受的（同参考文献［97］一致，没有考虑故障 21）。每一类故障的检测准确率汇总如表 2.3 所示。从表 2.3 可以看出，本章所提出的检测方法对于所有故障类型的检测率都相对较高，尤其是对于故障 10、故障 11、故障 16、故障 18、故障 20，检测率有很大的提升。这主要是因为栈式自编码网络学习到的特征可以充分揭示出变量之间隐藏的相关性，同时无监督的学习方式使得特征提取不受故障类型的影响。

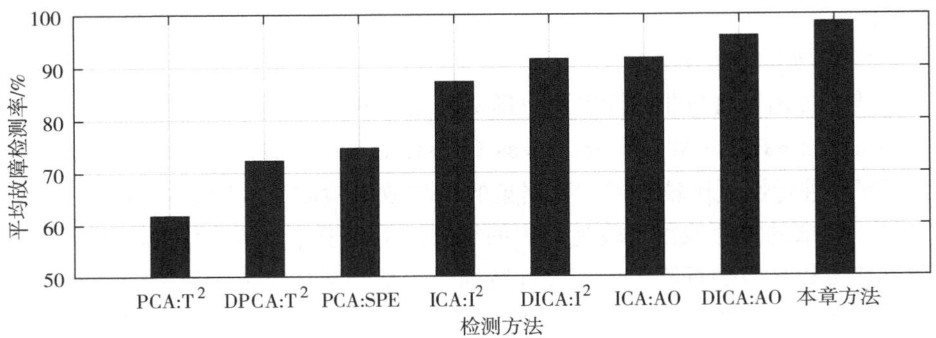

图 2.7　平均故障检测率对比（与线性方法）

表 2.3　TE 过程中不同方法的故障检测率

单位：%

故障类型	PCA		DPCA	ICA		DICA		本章方法
	T^2	SPE	T^2	T^2	AO	T^2	AO	
故障 1	99.2	99.8	99	100	100	100	100	100.00
故障 2	98.0	98.6	98	98	98	99	99	99.50
故障 4	4.4	96.2	26	61	84	97	100	100.00
故障 5	22.5	25.4	36	100	100	100	100	98.88
故障 6	98.9	100.0	100	100	100	100	100	100.00
故障 7	91.5	100.0	100	99	100	100	100	100.00
故障 8	96.6	97.6	98	97	97	98	98	97.88
故障 10	33.4	34.1	55	78	82	82	90	99.25
故障 11	20.6	64.4	48	52	70	54	83	89.25
故障 12	97.1	97.5	99	99	100	100	100	100.00
故障 13	94.0	95.5	94.0	94	95	95	96	99.75
故障 14	84.2	100.0	100	100	100	100	100	95.13
故障 16	16.6	24.5	49	71	78	82	91	99.50
故障 17	74.1	89.2	82	89	94	90	96	99.75
故障 18	88.7	89.9	90	90	90	90	90	99.50
故障 19	0.4	12.7	3	69	80	81	95	96.75
故障 20	29.9	45.0	53	87	91	88	92	99.38

注：故障 3、故障 9、故障 15、故障 21 为微小故障，其检测性能见下文微小故障的检测。

（2）与非线性方法对比

将所提出算法与非线性方法：稀疏限制下的非负矩阵分解（Non-negative Matrix Factorization With Sparseness Constraints，NMFSC）和支持向量机（SVM）进行性能比较。测试数据集的平均故障检测率如图 2.8 所示，对比可见，本章的算法取得了较为理想的结果。不同于非负矩阵分解，栈式自编码网络可以提取数据隐藏的相关性特征，包括局部特征和全局特征；支持向量机方法的检测率虽然也较高，但直接使用原始数据，并没有挖掘和分析数据的潜在特征。

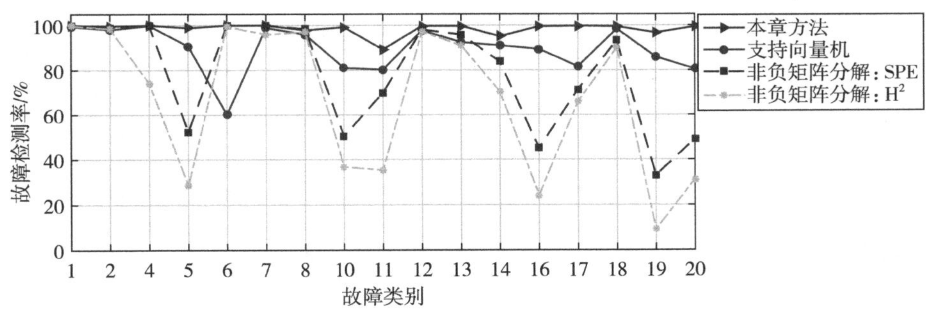

图 2.8 平均故障检测率对比（与非线性方法）

（3）微小故障的检测

参考文献［96］和参考文献［98］指出对故障 3、故障 9、故障 15、故障 21 的检测较为困难，因为这些故障的平均值、方差或断点等方面都没有可直接观测到的变化，即它们是传统统计技术难以检测的微小故障。对于这些微小故障，栈式自编码网络提取的特征模式如图 2.9 所示。当隐层中的隐单元数目设置为 200、200 时，所提取的特征模式便有 200 维。图 2.9 中显示的是第 6 维上的故障模式（该维度为随机选取的）。如图 2.9 所示，故障模式与正常运行过程的模式不同：奇异点数目不同、取值范围不同，那么在该维度上很容易通过模式之间的不同判断故障是否发生。从图中还可以发现不同故障的模式特征不同，这点可以用来指导故障类型的辨识。对故障 3、故障 9、故障 15、故障 21 的检测率如图 2.10 所示。

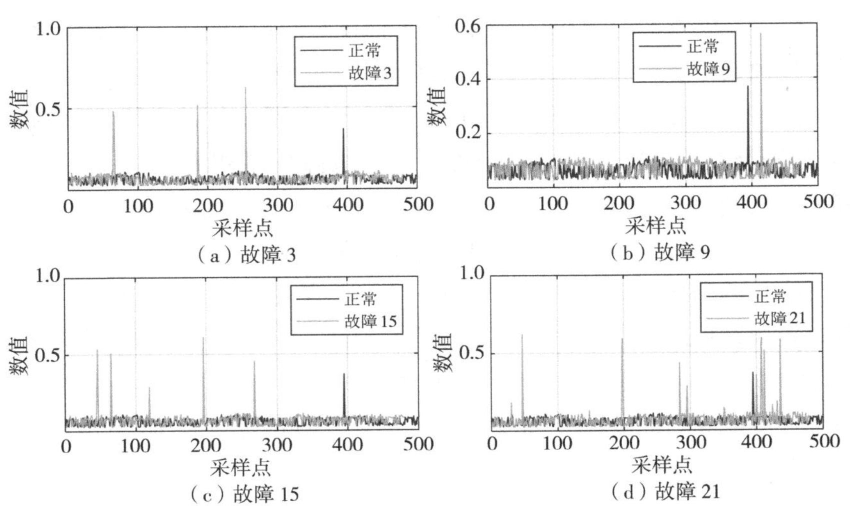

图 2.9 故障 3、故障 9、故障 15、故障 21 在第 6 维度上的特征模式

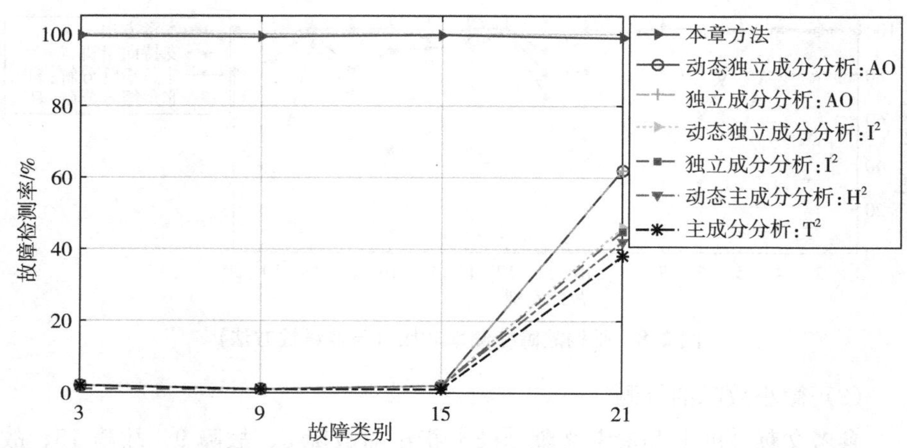

图 2.10　故障 3、故障 9、故障 15、故障 21 的检测率对比情况

显然，本章基于栈式自编码这一多隐层网络的方法对于微小故障的检测效果提升很大，打破了传统方法在微小故障检测上的瓶颈。

2.5.3　故障诊断

故障检测后，需要确定检测到的故障的类型。相对于故障检测在“有”与“无”之间的判断，故障类别的辨识属于多分类问题。为了验证算法对多类别辨识的有效性，我们分别对故障 4、故障 9、故障 11 之间的辨识及故障 2、故障 10、故障 13、故障 14 之间的辨识进行实验分析，这些故障不但包含了 TE 数据中所有的故障类型，而且很好地呈现了故障数据间的交错性。

故障 4、11 虽然属于不同类型（故障 4 是阶跃变化，故障 11 是随机变化），但都与反应器冷却水入口温度有关，故障变量相同，导致难以区分。故障 9 是物料 D 温度的随机变化，虽然与故障 4 有一定差异，但和故障 11 却有较强的不可分性。表 2.4 列出了这组故障对应的混淆矩阵。对角线上的值为分类正确的样本数目，如第一行中的 746 代表对于故障 4 检测正确的样本数；对角线以外的值代表误分类的样本数目，如第一列中的 7 代表将故障 4 误划分为故障 9 的错误样本个数。从表 2.4 可以看出，故障 4 和故障 9 之间错分样本较少，而故障 4 和故障 11、故障 9 和故障 11 之间被错分的样本相对较多，符合实际系统的运行特性。

表 2.4　故障 4、故障 9、故障 11 的混淆矩阵

故障类型	故障 4	故障 9	故障 11
故障 4	746	2	132
故障 9	7	652	156
故障 11	47	146	512
总数	800	800	800

故障 2、故障 10、故障 13、故障 14 涵盖了所有故障类型，分别为阶跃、随机变量、慢漂移和失灵。另外，故障 10 为 C 供料的温度发生变化（流 4），故障 2 为组分 B 浓度发生变化，A/C 供料比恒定（流 4），两者都是流 4 且故障 10 影响故障 2。故障 13 和 14 都和反应器有关，而反应器影响流 4，因此这 4 种故障之间的区分有一定的难度，其混淆矩阵如表 2.5 所示。从表 2.5 可以看出，误报率为 8.56%，且故障 13 与故障 10 之间的错分样本相对最多，有效地验证了算法与实际系统的吻合性。此外，表 2.4 中这 3 种故障类由于数据间的交错性，相对于表 2.5 中的 4 种故障类型，区分难度较高，具有一定的不可分性，因此其错分率相对高一些也是符合客观现实的。

表 2.5　故障 2、故障 10、故障 13、故障 14 的混淆矩阵

故障类型	故障 2	故障 10	故障 13	故障 14
故障 2	786	1	47	0
故障 10	13	779	175	0
故障 13	1	20	561	0
故障 14	0	0	17	800
总数	800	800	800	800

最后，将本章基于栈式自编码网络的检测方法与稀疏表示（Sparse Representation，SR）、随机森林（Random Forests，RF）、支持向量机（SVM）、结构支持向量机（Structural SVM，SSVM）的故障识别率进行统计对比[97,99]，如图 2.11 所示。本章方法的平均分类准确率明显高于其他方法，且相对于结构支持向量机提高了 7.67%。TE 过程中前 20 中故障的分类率如图 2.12 所示。目前，这些研究方法在测试集上对故障的分类率的总

体趋势大致保持一致，如故障 1 和故障 2 是阶跃性，它们的变量明显偏离正常状态，这些方法都可以取得较高的诊断率；然而，对于与正常状态没有明显变化或重叠的故障，如故障 8、故障 12、故障 13 等，本章方法具有相较高的诊断率。

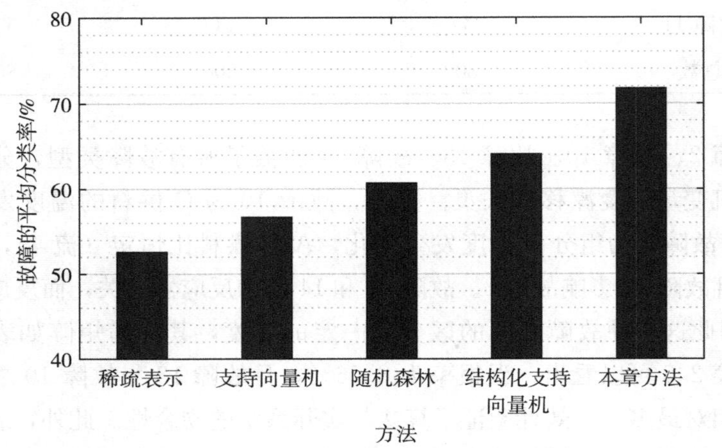

图 2.11　故障平均分类率对比情况

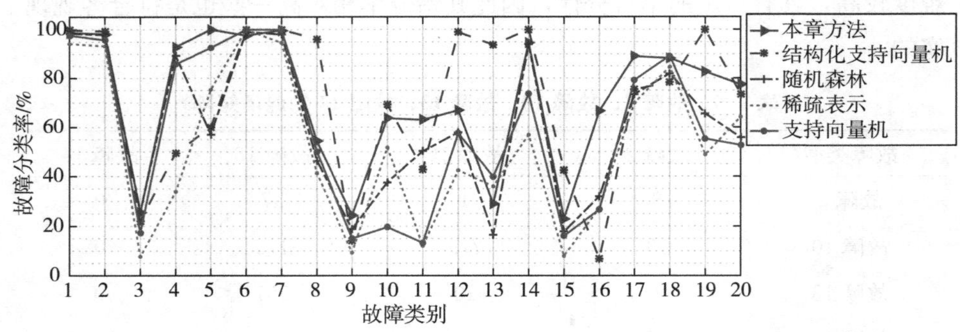

图 2.12　TE 过程 20 种故障的识别率统计

2.5.4　时间复杂度分析

本章中的实验是在 Matlab 中运行的，实验环境是 64 Bit Windows 8 操作系统，AMD Phenom，四核 9750 PC（2.4 GHz，4 GB RAM）。故障检测并辨识的平均执行时间为 0.0035 s，相对于 3～15 min 的采样间隔，该算法是实时的，归结于本章所提方法在离线网络参数训练后，对当前样本进行诊断时不需要对历史数据进行统计分析。深度学习技术的优势在于处理大数据，但 TE 过程只有 52 个变量，因此结合“逐层贪婪”的训练方法，2 个的稀疏自编码网络的堆叠便可以获得较好的效果。事实上，对于 TE 过程，考虑到诊断准确性和计算复杂性，增加隐层数目虽然能够提高诊断精度，但鉴于本章中的网络设置已经取得了相对理想的性能，诊断精度增加的空间较小，相对于网络复杂度的增加并不理想，我们在网络结构训练中通过大量仿真证明更深的网络结构并不会对 TE 过程的诊断结果有更多的改进，却会增加训练的时间代价，因而折中选取了本章实验中的网络结构参数的设置。

2.6 本章小结

本章是从数据表示学习的角度，将深度学习技术应用于工业过程控制的初步尝试，提出了基于栈式稀疏自编码网络的故障诊断方法。该方法利用栈式稀疏自编码网络学习监测数据中隐含的特征，是一种实时的在线故障检测与诊断算法。受益于栈式自编码网络强大的学习能力，工业过程数据中隐含的相关性关系可以被有效地提取并表征，降低了故障信息的丢失。在化工基准集——TE 过程数据上的实验结果表明，该算法不仅提高了故障与正常过程之间的可分性，而且对故障类别辨识的准确性也有很大的提升。特别地，对于传统多元统计分析技术难以检测的微小故障，该方法具有较大优势，打破了传统方法对于微小故障检测的瓶颈。但是工业过程是动态系统，从特征提取的角度，单一的数据样本不能反映故障在时间上的演变模式，如何增加样本投入，降低随机干扰，有待下一步研究。

第三章 基于加权序列的栈式自编码网络故障诊断

3.1 引言

鉴于大型工业过程的不确定性和复杂性，任何故障检测模型都不可能准确无误地检测出所有的故障信息，因此提高故障的检测率、降低故障的误警率和漏报率仍然是近年来故障诊断领域的研究热点之一[12]。第二章提出的基于栈式自编码网络的故障诊断算法将多隐层的栈式自编码网络用于工业过程数据的特征提取，不仅能实时地检测出故障的发生，而且不受故障类别的限制，特别是对于微小故障的检测较为有效。

由于网络结构的复杂性，在目前的研究中，多数将深度学习的多隐层结构视为一个“端到端”的黑盒子，但自编码网络结构简单，并且能简单方便地编码出更丰富和更高阶的深度网络结构，那么能否通过探究栈式自编码网络的意义，分析其在故障诊断领域的应用可行性呢？

考虑到工业过程的动态性，监测样本在时间上呈现一定程度的相关性，当前的测量值受历史监测样本的影响。在工业过程中，具有 n 个变量和 k 个观测值的样本集 $\boldsymbol{X}=[\boldsymbol{x}^{(1)}, \boldsymbol{x}^{(2)}, \boldsymbol{x}^{(3)}, \cdots, \boldsymbol{x}^{(k)}]^{\mathrm{T}} \in \mathbf{R}^{n\times k}$ 是按时间采样得到的序列，如果直接使用定点的 $\boldsymbol{x}^{(i)}$，不仅会丢失前面时刻对当前样本的作用，而且不能够反映故障在演变过程中的模式变化。第二章的算法只是深度学习技术在故障诊断领域的简单尝试，在线监测过程中仅利用了当前时刻的监测数据，尚没有考虑如何利用工业过程数据的时间相关性。那么是否可以通过选取时间窗进行平滑去噪，在降低随机干扰的基础上，学习变量在时间尺度上的相关性？

鉴于以上分析，本章提出了基于加权序列的栈式自编码网络故障诊断算法，主要贡献如下：

· 从函数逼近论的角度阐释栈式自编码网络的结构：利用多重的非线性

映射与优化实现对复杂函数的逼近；进一步说明栈式自编码网络的最终输出是输入元之间的高阶相关性。

• 从模式识别的角度给出故障诊断的一般数学模型，分析基于栈式自编码网络进行故障诊断的可行性。

• 考虑到工业过程中的动态特性，通过对当前采样点的加权延拓，保持时间关联性。

• 实验不仅验证了基于加权序列的故障诊断算法的有效性，而且对比了分类器对诊断性能的影响。

3.2　时间去噪

由于工业过程的动态性和连续性，样本集 $\boldsymbol{X}=[\boldsymbol{x}^{(1)},\boldsymbol{x}^{(2)},\boldsymbol{x}^{(3)},\cdots,\boldsymbol{x}^{(k)}]^{\mathrm{T}}\in\mathbf{R}^{n\times k}$ 是由不同传感器在时间轴上按先后顺序采样存储得到的信号，即对连续过程进行等间隔时间采样组成的离散序列——时间序列。通常，直接使用离散的监测点 $\boldsymbol{x}^{(i)}$ 作为训练集进行模型构建的潜在假设是各个数据点之间互相独立，对于动态的连续过程，“点点分析”就会丢失过程运行中的时间相关性信息，需要借助时间拓扑结构的延展克服数据独立的限制。也就是说，利用数据在时间轴上的延拓捕捉随机过程的变化信息，如观测值随时间相关性程度的变化趋势、变化范围等，进而分析随机数据序列所遵从的统计规律[100]。

理论上，对变量之间存在的线性关系进行辨识的问题，其实质就是寻找数据集 $\boldsymbol{X}$ 中的零子空间，也就是寻找方程 $\boldsymbol{Xb}=\mathbf{0}$ 的非平凡解。如果所有动态关系都是一阶的，那么 $\boldsymbol{X}_A\boldsymbol{b}=\mathbf{0}$，其中

$$\boldsymbol{X}_A=\begin{bmatrix}\boldsymbol{x}^{(1)} & \boldsymbol{x}^{(2)} & \boldsymbol{x}^{(3)} & \cdots & \boldsymbol{x}^{(k-t+1)}\\ \boldsymbol{x}^{(2)} & \boldsymbol{x}^{(3)} & \boldsymbol{x}^{(4)} & \cdots & \boldsymbol{x}^{(k-t+2)}\\ \vdots & \vdots & \vdots & & \vdots\\ \boldsymbol{x}^{(t)} & \boldsymbol{x}^{(t+1)} & \boldsymbol{x}^{(t+2)} & \cdots & \boldsymbol{x}^{(k)}\end{bmatrix}\in\mathbf{R}^{t\times(k-t+1)}。\tag{3.1}$$

显然，矩阵 $\boldsymbol{X}_A$ 是一个扩展的数据矩阵，包含特定时间系统中所有源的信息。由于 $\boldsymbol{X}$ 中的每个传感器均独立，系统的模式可以通过融合 $\boldsymbol{X}_A$ 中不同传感器的信息获得。从相关性分析的角度，故障是时间尺度上的长相关，而噪声是时间尺度上的短相关，甚至不相关，那么可以通过时间尺度的改变降低噪声的随机干扰，实现对数据的时间去噪。事实上，可以依据经验合理选取

时间窗口，在对噪声进行平滑的基础上，学习变量在时间尺度上的相关性。

由于监测数据随时间演变，那么不同时刻的历史样本对当前的测量值都会有不同程度的影响。因此，权重可以基于分配原则：$w_1+w_2+\cdots+w_t=1$ 和 $w_1<w_2<\cdots<w_t$ 给定[101]。本章使用时滞变量来扩展输入，使得数据由时间延迟向量组成，同时结合权重分配考虑历史样本的不同重要性，即

$$\boldsymbol{X}\in\mathbf{R}^{n\times k}\longrightarrow\boldsymbol{X}_A$$

$$\xrightarrow[w_1<w_2<\cdots<w_t]{w_1+w_2+\cdots+w_t=1,}\begin{bmatrix} w_1\boldsymbol{x}^{(1)} & w_1\boldsymbol{x}^{(2)} & w_1\boldsymbol{x}^{(3)} & \cdots & w_1\boldsymbol{x}^{(k-t+1)} \\ w_2\boldsymbol{x}^{(2)} & w_2\boldsymbol{x}^{(3)} & w_2\boldsymbol{x}^{(4)} & \cdots & w_2\boldsymbol{x}^{(k-t+2)} \\ \vdots & \vdots & \vdots & & \vdots \\ w_t\boldsymbol{x}^{(t)} & w_t\boldsymbol{x}^{(t+1)} & w_t\boldsymbol{x}^{(t+2)} & \cdots & w_t\boldsymbol{x}^{(k)} \end{bmatrix}\in\mathbf{R}^{t\times(k-t+1)}。\tag{3.2}$$

注：加权是为了增加数据的时间记忆，权重选择的方式对于时间序列延拓后的结果具有一定的影响，但因为针对的是工业过程，具体的加权算法需要根据实际过程进行合理选择。

图 3.1、图 3.2 分别显示了 TE 过程中故障 1 和故障 3 按 $t=3$ 的时间窗延拓后，数据标准化预处理与原始数据之间的区别。数据标准化

$$z=\frac{x-mean(x)}{std.(x)},$$

可以减少故障中异常值的负影响，并去除不同变量在同一模式下的量级差异。从这 2 个图中可见，新的延拓数据的模式具有与原始数据模式不同的结构：图 3.1（b）和图 3.2（b）中数据量均增加，这有助于隐层学习不同时

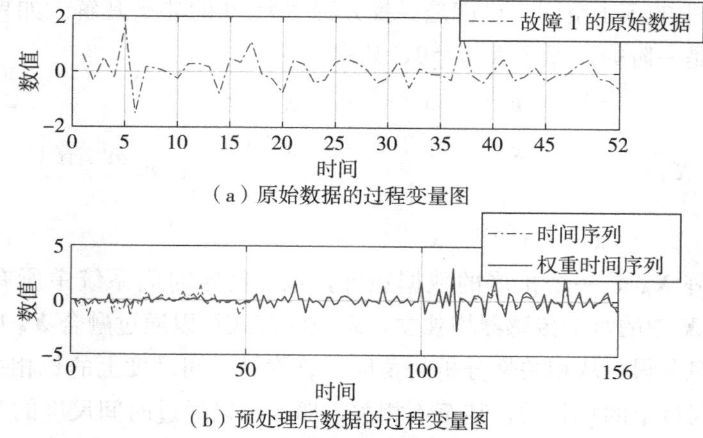

（a）原始数据的过程变量图

（b）预处理后数据的过程变量图

图 3.1　故障 1 预处理前后数据对比

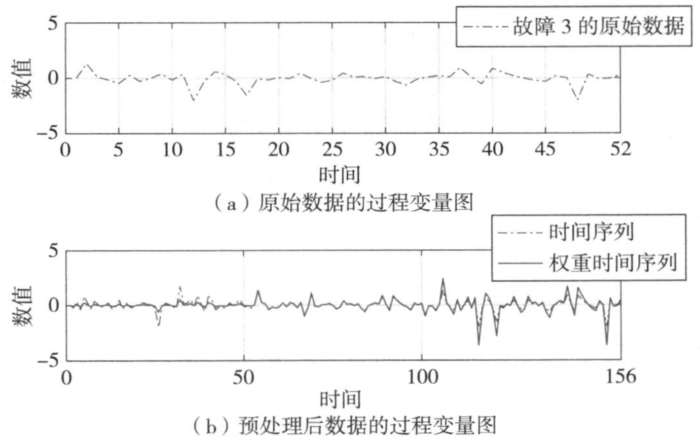

（a）原始数据的过程变量图

（b）预处理后数据的过程变量图

图 3.2　故障 3 预处理前后数据对比

刻点变量之间的相关性。此外，故障 1 是显著故障，故障 3 是微小故障，无论故障的量级如何，随着时间序列的扩展，故障数据的变化在权重分配后更加清晰、敏感，如权重时间序列曲线所示。

3.3　支持向量机分类器

支持向量机是由 Corinna Cortes 等于 1995 年提出的一种基于统计学习理论的机器学习方法，通过非线性映射将输入空间转化为线性可分结构，利用结构化风险最小化思想实现经验风险和置信范围的最小化，达到小样本情况下也能获得良好统计规律的目的[75]。支持向量机广泛应用于统计分类和回归分析中，对于小样本、非线性及高维模式识别问题表现出许多特有优势[102-103]。从机器学习的角度，故障诊断是高维、非线性数据的模式识别问题。显然，支持向量机可以与表示学习方法相结合，利用学习到的特征 $a^{(n)}$ 进行故障的检测（二分类）与辨识（多分类）。

作为一个线性分类器，支持向量机的学习目标是要在数据空间中找到一个分类超平面，实现特征空间上的间隔最大化：

$$\boldsymbol{w}^{\mathrm{T}} \cdot \boldsymbol{x} + b = 0, \tag{3.3}$$

其中，$\boldsymbol{w}$ 是一个 d 维向量，$\boldsymbol{x}$ 是特征向量，b 是偏差标量。

实质上，函数间隔是指样本到分类间隔的距离：

$$\hat{\gamma} = y(\boldsymbol{w}^{\mathrm{T}} \cdot \boldsymbol{x} + b) = yf(\boldsymbol{x}), \tag{3.4}$$

其中，y 为类函数，$\hat{\gamma}$ 表示超平面关于所有样本点的几何间隔。此间隔虽表示分类的正确性，然而等比例改变 $\boldsymbol{w}$ 和 b 的取值，$f(\boldsymbol{x})$ 的值会同比改变，超平面却不变，也就是说，函数间隔 $\hat{\gamma}$ 可以在超平面保持不变的情况下取任意大的值。为此，对法向量 $\boldsymbol{w}$ 添加约束条件，引出能真正度量点到超平面距离的几何间隔：

$$\tilde{\gamma}=y\gamma=\frac{\hat{\gamma}}{\|\boldsymbol{w}\|}, \tag{3.5}$$

显然，$\tilde{\gamma}$ 的取值随着超平面的改变而改变。那么，最大间隔分类器的目标函数可定义为：

$$\begin{aligned}&\max \quad \frac{1}{\|\boldsymbol{w}\|},\\ &\text{s.t.}\quad y(\boldsymbol{w}^{\mathrm{T}}\cdot\boldsymbol{x}+b)\geqslant 1,\ i=1,\ 2,\ \cdots,\ l,\end{aligned} \tag{3.6}$$

其中，l 是支持向量的数量。由于 $\frac{1}{\|\boldsymbol{w}\|}$ 的最大值是 $\frac{1}{2}\|\boldsymbol{w}\|^2$ 的最小值，则上式等价于：

$$\begin{aligned}&\min \quad \frac{1}{2}\|\boldsymbol{w}\|^2,\\ &\text{s.t.}\quad y(\boldsymbol{w}^{\mathrm{T}}\cdot\boldsymbol{x}+b)\geqslant 1,\ i=1,\ 2,\ \cdots,\ l,\end{aligned} \tag{3.7}$$

显然，这是一个凸二次规划问题，可以通过其对偶问题的求解得到最优值[104]。具体步骤如下：

①引入拉格朗日乘子 α 将约束条件与目标函数融合：

$$L(\boldsymbol{w},\ b,\ \alpha)=\frac{1}{2}\|\boldsymbol{w}\|^2-\sum_{i=1}^{l}\alpha[y(\boldsymbol{w}^{\mathrm{T}}\cdot\boldsymbol{x}+b)-1], \tag{3.8}$$

在满足约束条件的情况下，最小化 $\frac{1}{2}\|\boldsymbol{w}\|^2$ 等价于 $L(\boldsymbol{w},\ b,\ \alpha)$ 在 $\alpha\geqslant 0$ 的情况下取得最大值后关于 $\boldsymbol{w}$ 的最小值，记为

$$\min_{\boldsymbol{w},b}\ \max_{\alpha\geqslant 0} L(\boldsymbol{w},\ b,\ \alpha)=p^*。$$

②将 p^* 中最小值和最大值的求取交换位置，记为

$$d^*=\max_{\alpha\geqslant 0}\ \min_{\boldsymbol{w},b} L(\boldsymbol{w},\ b,\ \alpha),$$

显然 $d^*\leqslant p^*$，也就是说 d^* 的最优值是 p^* 最优值的一个下界。

③求 $L(\boldsymbol{w},\ b,\ \alpha)$ 关于 $\boldsymbol{w}$、b 的极小值：

$$\frac{\partial L}{\partial \boldsymbol{w}}=0\Rightarrow \boldsymbol{w}=\sum_{i=1}^{l}\alpha_i y_i x_i, \tag{3.9}$$

其中，y_i 为类标记，当 y_i 等于+1 时表示正例；y_i 为−1 时表示负例。α_i 为拉格朗日乘子，且 $\alpha_i \geqslant 0$。

$$\frac{\partial L}{\partial b}=0 \Rightarrow \boldsymbol{w}=\sum_{i=1}^{l}\alpha_i y_i=0, \tag{3.10}$$

则有，

$$\begin{aligned} L(\boldsymbol{w},\ b,\ a) &= \frac{1}{2}\|\boldsymbol{w}\|^2-\sum_{i=1}^{l}\alpha(y(\boldsymbol{w}^{\mathrm{T}}\cdot\boldsymbol{x}+b)-1) \\ &= \frac{1}{2}\sum_{i=1}^{l}\alpha_i y_i\boldsymbol{x}_i\sum_{i=1}^{l}\alpha_i y_i\boldsymbol{x}_i-\sum_{i=1}^{l}\alpha_i y_i\sum_{i=1}^{l}\alpha_i y_i\boldsymbol{x}_i^{\mathrm{T}}\boldsymbol{x}_i-\sum_{i=1}^{l}\alpha_i y_i b+\sum_{i=1}^{l}\alpha_i \\ &= \sum_{i=1}^{l}\alpha_i-\frac{1}{2}\sum_{i=1}^{l}\alpha_i\alpha_j y_i y_j\boldsymbol{x}_i^{\mathrm{T}}\boldsymbol{x}_j。 \end{aligned} \tag{3.11}$$

④求 L（$\boldsymbol{w}$，b，α）对 α 的极大值：

$$\begin{aligned} &\max\ \sum_{i=1}^{l}\alpha_i-\frac{1}{2}\sum_{i=1}^{l}\alpha_i\alpha_j y_i y_j\boldsymbol{x}_i^{\mathrm{T}}\boldsymbol{x}_j, \\ &\text{s.t.}\ \sum_{i=1}^{l}\alpha_i y_i=0 \\ &\alpha_i\geqslant 0,\ i=1,\ 2,\ \cdots,\ l。 \end{aligned} \tag{3.12}$$

值得一提的是，为了获得具有更大余量和更好泛化能力的超平面，引入正松弛变量 $\xi_i \geqslant 0$ 允许一些样本被误分，上述优化模型修正为：

$$\begin{aligned} &\min_{w,\ b,\ \xi}\ \frac{1}{2}\|\boldsymbol{w}\|^2+C\sum_{i=1}^{l}\xi_i, \\ &\text{s.t.}\ y(\boldsymbol{w}\cdot\varphi(\boldsymbol{x}_i)+b)\geqslant 1-\xi_i,\ i=1,\ 2,\ \cdots,\ l, \end{aligned} \tag{3.13}$$

其中，φ 是数据到欧氏空间 H 的映射：

$$\varphi:\ R^d \rightarrow H。$$

由于分类函数

$$\begin{aligned} f(\boldsymbol{x}) &= \boldsymbol{w}^{\mathrm{T}}\cdot\boldsymbol{x}+b \\ &= (\sum_{i=1}^{l}\alpha_i y_i\boldsymbol{x}_i)^{\mathrm{T}}\boldsymbol{x}+b \\ &= \sum_{i=1}^{l}\alpha_i y_i\langle\boldsymbol{x}_i,\ \boldsymbol{x}\rangle+b。 \end{aligned} \tag{3.14}$$

那么，对于新的监测点 $\boldsymbol{x}$ 的预测，需要计算它与训练数据点的内积。而在上式中显然可见非支持向量所对应的系数都等于 0，对超平面是没有影响的，由于分类完全由超平面决定，所以这些无关的点不参与分类问题的计算。因此，对于新的监测点 x 的内积计算只需要计算支持向量即可。

针对线性可分的情况，可采用序列最小优化算法进行优化求解，具体可参看参考文献［105］，本章不再详细介绍。针对线性不可分的情况，可利用核函数将线性分类推广到非线性分类，即通过核函数计算 2 个向量在隐式映射后的空间中的内积，替换分类函数中的张量内积，将模型进行优化，修正为：

$$\begin{aligned}&\min_{a}\frac{1}{2}\sum_{i=1}^{l}\sum_{j=1}^{l}y_iy_jK(x_i, x_j)a_ia_j-\sum_{j=1}^{l}a_j,\\&\text{s.t.}\ \sum_{i=1}^{l}y_ia_i=0,\ 0\leqslant a_i\leqslant C,\ i=1,2,\cdots,l,\end{aligned}\tag{3.15}$$

其中，K 是核函数，C 是权衡间隔最大化和训练误差最小化的常量。如果存在核函数 K，使得 $K(x_i, x_j)=\varphi(x_i)\cdot\varphi(x_j)$，那么在训练中只需要使用 K，不需要知道 ϕ 的值[106]。本章选取高斯径向基核函数

$$K(x_i, x_j)=\exp\left(-\sum_{i}\frac{(x_i-x_j)^2}{2\sigma_i^2}\right),$$

其中，σ 是核宽度。此时，输入模式的辨识函数如下：

$$f(x)=\operatorname{sgn}\left(\sum_{i=1}^{l}y_ia_i^*K(x_i, x)+b^*\right),\tag{3.16}$$

其中，a_i^* 是拉格朗日乘子，基于先前的约束，偏差 b^* 定义为

$$b^*=-\frac{1}{2}\left[\max_{class\ 1}\left(\sum_{j\in\{SV\}}y_ia_jK(x_i, x_j)\right)+\min_{class\ 2}\left(\sum_{j\in\{SV\}}y_ia_jK(x_i, x_j)\right)\right]。\tag{3.17}$$

本章中，多分类问题可以转化为多重二分类问题进行求解——故障检测是区分状态是否正常，属于二分类问题，故障诊断是判别故障类型，属于多分类问题。此外，一些改进的支持向量机算法和其他复杂分类器也可以与本章的算法结合使用。

3.4 基于加权序列的栈式自编码网络故障诊断

虽然深度学习技术在故障诊断中的应用已引起研究者越来越多的关注，但对其检测机制和检测能力的讨论尚未有确切的结论。故障检测作为一个辨

识问题，目的是将监测数据矩阵 $\boldsymbol{X}=[\boldsymbol{x}^{(1)}, \boldsymbol{x}^{(2)}, \boldsymbol{x}^{(3)}, \cdots, \boldsymbol{x}^{(n)}] \in \mathbf{R}^{d\times n}$ 分解为如下形式：

$$\boldsymbol{X}:=L+DS+V, \tag{3.18}$$

其中，L 是故障发生的背景（可能是低秩的正态矩阵），V 是随机噪声或未知干扰，DS 便是我们关注的故障模式。从模式识别的角度，基于公式（3.19）提取监测数据中的故障模式，进而进行辨识：

$$\begin{aligned}\Psi: X \rightarrow DS,\\ \Psi=\psi^{\varphi(s_1, s_2, \cdots, s_l)} \circ X,\end{aligned} \tag{3.19}$$

其中，$\psi^{\varphi(s_1,s_2,\cdots,s_l)}$ 是选择规则，∘定义为一种泛化的映射关系，生成特征空间的维度由时间序列的长度 k 的取值决定。理论上，多元统计分析技术和人工智能技术都是对原始测量数据的预处理和再表示，只是方式和方法不同。深度学习通过增加网络的结构复杂性可以捕获到数据之间更多的细节，学习到数据的多级表示和抽象表示[92]。基于栈式稀疏自编码网络的多隐层结构，以及灵活的选择规则 $\phi^{(k)}$，DS 将显示一些特定的故障属性或者模式特征，故障诊断框架如图 3.3 所示。

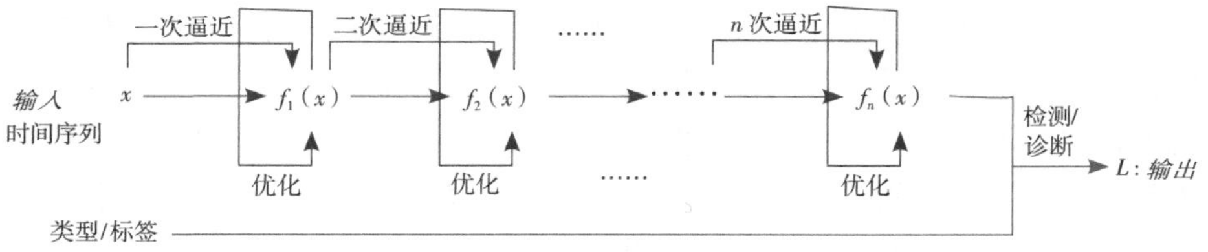

图 3.3　基于栈式自编码网络的故障诊断架构

无论激活函数或输入空间如何，前馈网络都可以逼近任意的可测函数[74]。栈式稀疏自编码网络中相邻层之间的连接可视为 2 个空间之间的映射，同时后一层是对前一层的单元之间组合后的逼近，即前一层单元之间的相关性组合，那么多隐层的结构设置也就意味着进行了多次的映射逼近学习，属于函数的高阶非线性近似，其对函数的逼近性能随模型深度呈现指数级增长[91]；此外，自编码网络作为栈式自编码网络的基本块，以期望与输入之间的均方误差作为代价函数进行参数训练，实质是对映射到隐层空间中的特征进行了优化。具体地，我们以 1 时刻的值 $\boldsymbol{X}_1=[x_1, x_2, \cdots, x_d]^{\mathrm{T}} \in \mathbf{R}^{d\times 1}$ 为例：

$$
\begin{aligned}
&\boldsymbol{Y}_1=\left[f_1\left(\sum_i w_{i1}x_i\right),\ f_1\left(\sum_i w_{i2}x_i\right),\ \cdots,\ f_1\left(\sum_i w_{ih_1}x_i\right)\right]^{\mathrm{T}}\in\mathbf{R}^{h_1\times 1}\\
&\boldsymbol{Y}_2=\left[f_2\left(\sum_i w_{i1}y_{1i}\right),\ f_2\left(\sum_i w_{i2}y_{1i}\right),\ \cdots,\ f_2\left(\sum_i w_{ih_2}y_{1i}\right)\right]^{\mathrm{T}}\in\mathbf{R}^{h_2\times 1}\\
&\cdots\\
&\boldsymbol{Y}_m=\left[f_m\left(\sum_i w_{i1}y_{(m-1)i}\right),\ f_m\left(\sum_i w_{i2}y_{(m-1)i}\right),\ \cdots,\ f_m\left(\sum_i w_{ih_m}y_{(m-1)i}\right)\right]^{\mathrm{T}}\in\mathbf{R}^{h_m\times 1}
\end{aligned}
\tag{3.20}
$$

其中，w_{ij} 与 x_i 维数相同。显然，$\boldsymbol{Y}_m$ 是 $\boldsymbol{Y}_1$ 的高阶映射函数。

基于以上分析，栈式稀疏自编码网络可以被解释为：多个非线性映射和复杂函数近似的组合。显然，该框架使用了逐层连续的学习策略，受益于栈式自编码网络的强大表示学习能力进行工业过程数据的特征提取。其中，故障信息的抽象程度由训练阶段的高阶函数及变量之间的统计信息确定；函数逼近式子中的高阶无穷小反映了数据中隐藏的微小变化，逼近的阶数由隐层的数量确定。因此，通过网络的表示学习，原始输入数据中隐藏的故障模式可以通过尽可能多的映射序列来逼近。这一解释有助于理解栈式自编码在故障诊断中的表示应用能力，通过改进其网络结构可以不同程度地改善故障的诊断效果。

与传统的多变量统计方法相比，基于栈式稀疏自编码网络的诊断框架在特征提取中既不易受变量耦合的影响，也不易受异常值的影响，并减少了信息的损失。不同于传统的人工智能算法，基于栈式稀疏自编码网络的诊断框架是多隐层网络结构，能够更有效地利用数据的深层次结构信息和本质特征。此外，通过学习数据中潜在的相关性来表征故障的模式，避开了阈值选取对检测性能的折中，解决了微小故障检测的问题。该算法的流程如图 3.4 所示，其技术难点在于网络结构参数的设置，这是因为网络结构不仅与计算复杂度密切相关，而且决定对故障特征表示学习的完备性。为简便起见，实验部分将其记为“WTDL”（Weighted Time Series Deep Learning），即加权时间序列深度学习。

本章算法是第二章算法的改进，通过栈式自编码网络提取加权时间序列中隐含的高阶相关性，加权时间延拓是为了在平滑噪声干扰的基础上利用样本的时间相关性，权重选择对于映射后的特征表示有一定的影响，但随着网络层数的加深，这一影响逐渐减弱，次于时间结构延拓对于算法的影响。

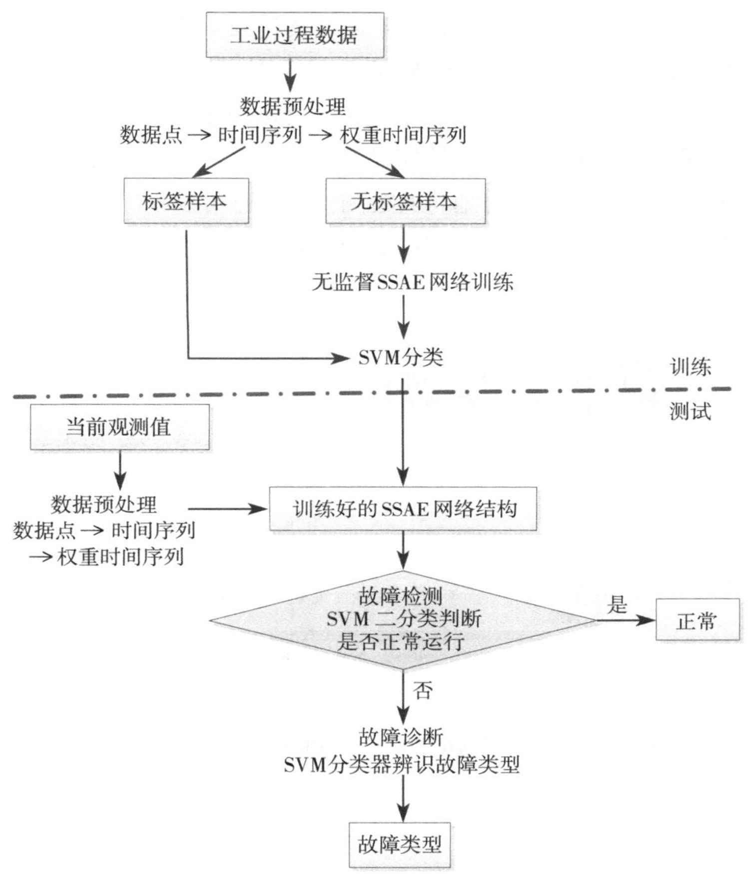

图 3.4　基于加权序列的栈式自编码网络故障诊断流程

3.5　TE 过程案例研究

基于上述理论分析，本章在 TE 过程上进行实验验证和分析。实验分为 3 个部分：故障检测、微小故障检测和故障分类。

3.5.1　故障检测

为了验证所提出方法的有效性，首先以故障 1 的检测为例。故障 1 是阶跃变化，有明显的跃变趋势，多元统计分析算法能够很容易识别到这一故障的发生。在本章提出的算法中，设置输出层的单元数为250，那么学习到的特征表示的维数就是250维。选取第1维上的模式特征如图3.5所示：图3.5（a）是训练集上故障1与正常运行状态的模式表示；图3.5（b）是测试集上故障1与正常运行状态的模式表示。显然，本章提出的算法根据模式匹配能在该故障发生时及时地将其检测到，并且可以看出故障模式是急速下降后逐渐趋于稳态，这一阶跃型的演变也对故障类别的辨识给出了指导。

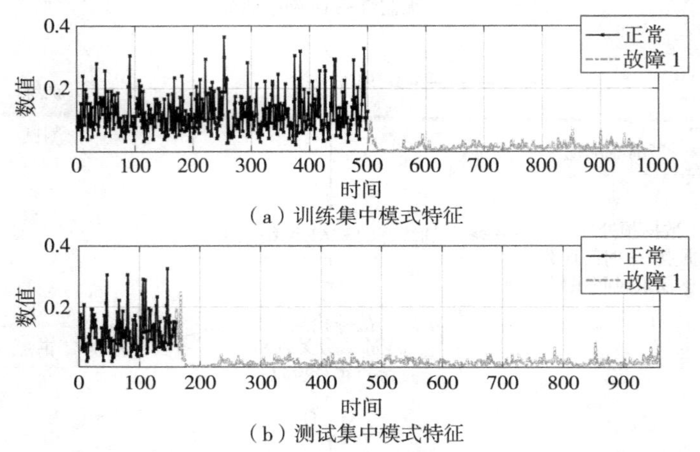

图3.5　基于栈式自编码网络的故障特征表示：第1维

进一步，分别与线性检测方法和非线性检测方法进行对比，以验证所提出方法在检测性能上的提升。

（1）与线性检测方法的对比

主成分分析（PCA）[107]、独立成分分析（ICA）[37]、动态主成分分析(DPCA)[101]、动态独立成分分析（DICA）[108]、改进的独立成分分析(Modified ICA，MICA)[109]、Fisher判别分析（Fisher Discriminative Analysis，FDA)[110]、偏最小二乘法（Partial Least Square，PLS)[47]、潜空间投影（Total Projection to Latent Structures，TPLS)[111]，以及改进的偏最小二乘法（Modified PLS，MPLS)[112]都是广泛应用的线性统计分析方法。与这些方法进行对比，故障1～2、故障4～8、故障10～18和故障20的平均检测率如图3.6所示（暂不考虑故障3、故障9、故障15和故障21的检测，对于这些微小故障的检测，将在后续内容中进行详细的讨论）。很显然，图3.6（a）中本章所提出的权重时间序列故障检测方法的平均检测率最高，比动态独立成分分析算法高出3.41%。此外，本章所提方法的平均故障误检率如图 3.6（b）所示，虽然不是最低，但与动态独立成分分析算法接近，只有少数正常样本被误判，属于可接受的范围之内。

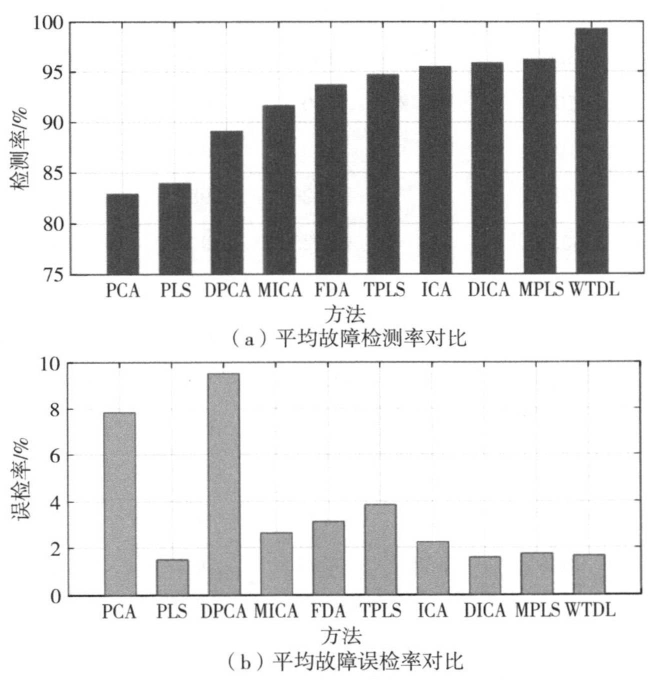

（a）平均故障检测率对比

（b）平均故障误检率对比

图 3.6　与线性检测方法的故障检测结果对比情况

TE 过程的具体检测结果的汇总如表 3.1 所示，对比可见，本章方法在大多数情况下都具有相对优越的性能，特别是对于故障 10、故障 11、故障 16、故障 18 和故障 20，检测率明显提高。不仅如此，本章所提出的算法对于所有故障类型都有很高的检测率，检测性能不受故障类型的约束，这主要是由于多隐层网络提取的高阶特征表示能够充分揭示变量之间的相关性，而不仅仅是其重要组成部分。

表 3.1　TE 过程中不同方法的故障检测率汇总

故障编号	PCA	DPCA	ICA	DICA	MICA	本章方法
	9*PCs*	17*PCs*	9*ICs*	22*ICs*	*ICs*	
IDV（1）	99.88	99.88	**100**	**100**	99.88	**100**
IDV（2）	98.75	99.38	98.25	99	98.25	**99.77**
IDV（4）	**100**	**100**	**100**	**100**	87.63	**100**

续表

故障编号	PCA	DPCA	ICA	DICA	MICA	本章方法
	9*PCs*	17*PCs*	9*ICs*	22*ICs*	*ICs*	
IDV（5）	33.63	43.25	**100**	**100**	**100**	**100**
IDV（6）	100	100	100	100	100	100
IDV（7）	100	100	100	100	100	100
IDV（8）	98	98	98.25	98	97.63	97.88
IDV（10）	60.5	72	89.25	90	85.88	99.75
IDV（11）	78.88	91.5	78.88	83	61.63	94.35
IDV（12）	99.13	99.25	99.88	100	99.88	99.75
IDV（13）	95.38	95.38	95.25	96	95	99.75
IDV（14）	100	100	100	100	99.88	100
IDV（16）	55.25	67.38	92.38	91	83.38	99.75
IDV（17）	95.25	97.25	96.88	96	93	100
IDV（18）	90.5	90.88	90.5	90	89.75	99.5
IDV（19）	41.13	87.25	92.88	95	80.25	97.88
IDV（20）	63.38	73.75	91.38	92	86	99.63

（2）与非线性检测方法的对比

与非线性统计方法，如子空间辅助方法（Subspace Aided Approaches，SAP）[113] 和稀疏限制下的非负矩阵分解（NMFSC）[99]，以及机器学习方法，如结构支持向量机[99] 对比算法的检测性能，故障检测率如图 3.7 所示。

作为二分类问题，本章算法依然对 TE 过程的绝大多数故障类型都能取得最佳的检测效果，如图 3.7（a）所示。虽然子空间辅助方法也获得了较高的检测率，但它对于不同故障的敏感性不同，如在故障 11、故障 16 和故障 20 上的检测性能相对较低。事实上，这 17 类故障的故障特性较为明显，现有的方法均可以取得较为满意的结果，但当考虑到微小故障的检测时，其效果就差强人意，如图 3.7（b）所示。然而，本章算法无论是否考虑微小故障，平均故障检测率都很高。

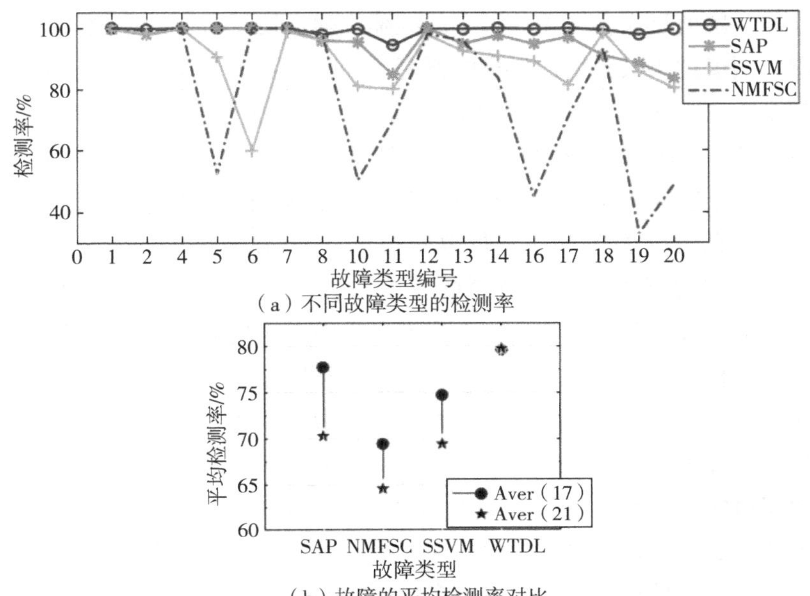

（a）不同故障类型的检测率

（b）故障的平均检测率对比

图 3.7　与非线性方法的故障检测结果对比

对于 TE 过程的 21 种故障类型，本章方法的平均故障检测率比子空间辅助方法高出 18.5571%，这是一个较大的改进与提升。对比表 3.2 中的平均故障误检率可见，本章方法的平均误检率虽然不是最低的，但依然在可接受范围内。导致这一结果的原因是实验中采用的 TE 过程的正常样本数量不够大，使得正常状态下变量之间的相关性不能被充分学习，模式表示不完备，但是这一不足可以通过引入更多正常样本来弥补。事实上，由于分布式控制系统可以记录和收集的历史数据量很大，实际的工业过程并不会遇到正常训练样本不足的情况。

表 3.2　TE 过程中的平均故障误检率

平均故障误检率	SAP（s=13）	NMFSC	SVM	本章方法
平均（21）	1.5	14.79	5.48	1.76

3.5.2　微小故障检测

参考文献［96］和参考文献［98］指出，故障 3、故障 9、故障 15、故障 21 在均值、方差或峰值等方面并没有任何可观察到的变化，属于微小故障。传统的多元统计分析技术选取阈值作为控制限，而阈值的选取直接影响检测性能，阈值过大会掩盖掉微小的故障变化，使得对于微小故障的检测不够敏感；阈值过小又会增加误检的概率。同时，基于多元统计分析的监控模型大都是由正常样本的分布信息统计得到，难以突出异常状态下的各种变化。鉴于此，故障主成分分析（Fault PCA，FPCA）算法将原始主成分空间中的系统子空间和剩余子空间分别分解为故障相关部分和不相关的部分，利用故障信息可以更有效地进行故障检测[114]。该算法通过对 3 个统计量 T_p^2、T_o^2 和 SPE 的监测确定故障的发生与否，故障 3 的检测结果如图 3.8 所示。故障主成分分析算法由于在建模过程中引入故障信息增加了对故障的敏感度，一旦发生故障便会及时报警，但却在增加检测性能的同时带来了大量的误检测，该算法对于 160 个正常样本的故障误检率高达 46.25%，算法有待进一步改进。为了得到更好的故障检测率，虽然可以通过降低 3 个监控指标的阈值实现，但会引起故障误检率的提高，这是不可取的。相比较而言，本章方法却可以通过故障模式匹配得到更理想的故障检测率：故障 3 在第 1 维上的模式具有比正常状态更多的异常值，并且最大的异常值高于正常状态的最大异常值，因此从模式匹配的角度很容易与正常状态进行区分。

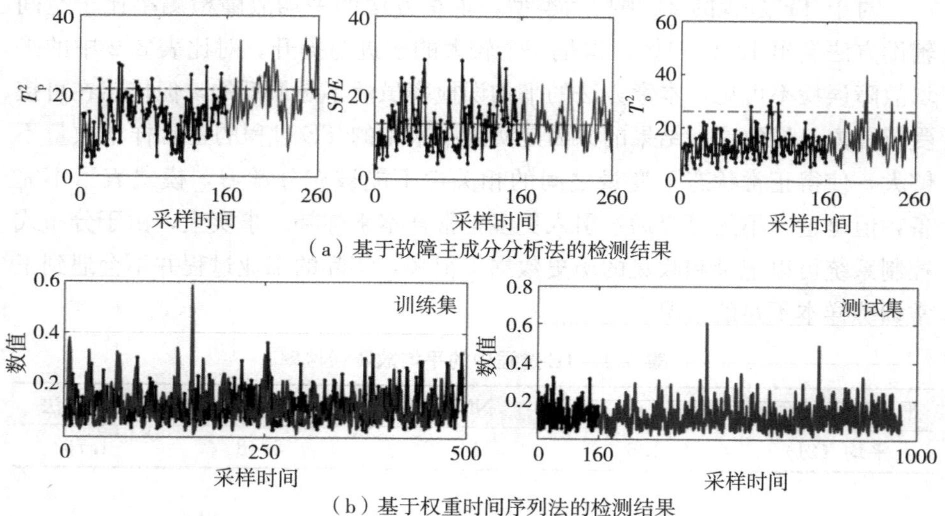

（a）基于故障主成分分析法的检测结果

（b）基于权重时间序列法的检测结果

图 3.8　故障 3 的检测结果对比

对于这 4 种微小故障（故障 3、故障 9、故障 15 和故障 21），随机选取学习到的故障模式进行示例分析，如图 3.9 所示：故障模式与正常过程的模式均不相同。在图 3.9（a）和图 3.9（b）中，故障 9 的最大奇异值低于正常模态的奇异值，而测试集中故障 9 的模式与训练集中故障 9 的模式相吻合。同时，对比这些子图可以发现，虽然测试集中不同故障的取值范围没有明显不同，但其模式上的奇异点及奇异点之间的间隔等具有一定的差异性。在训练集上与正常状态的模式进行对比，如图 3.10 所示，这 4 种微小故障类型的残差值彼此不同。总之，依赖于深层网络强大的学习能力，针对本章方法提取的高维特征中，必然有一个维度可以判别出不同于正常过程的“异常或错误”变化。此外，微小故障的故障检测率如表 3.3 所示，相对于传统的检测方法，本章方法在检测率上有明显的提升。

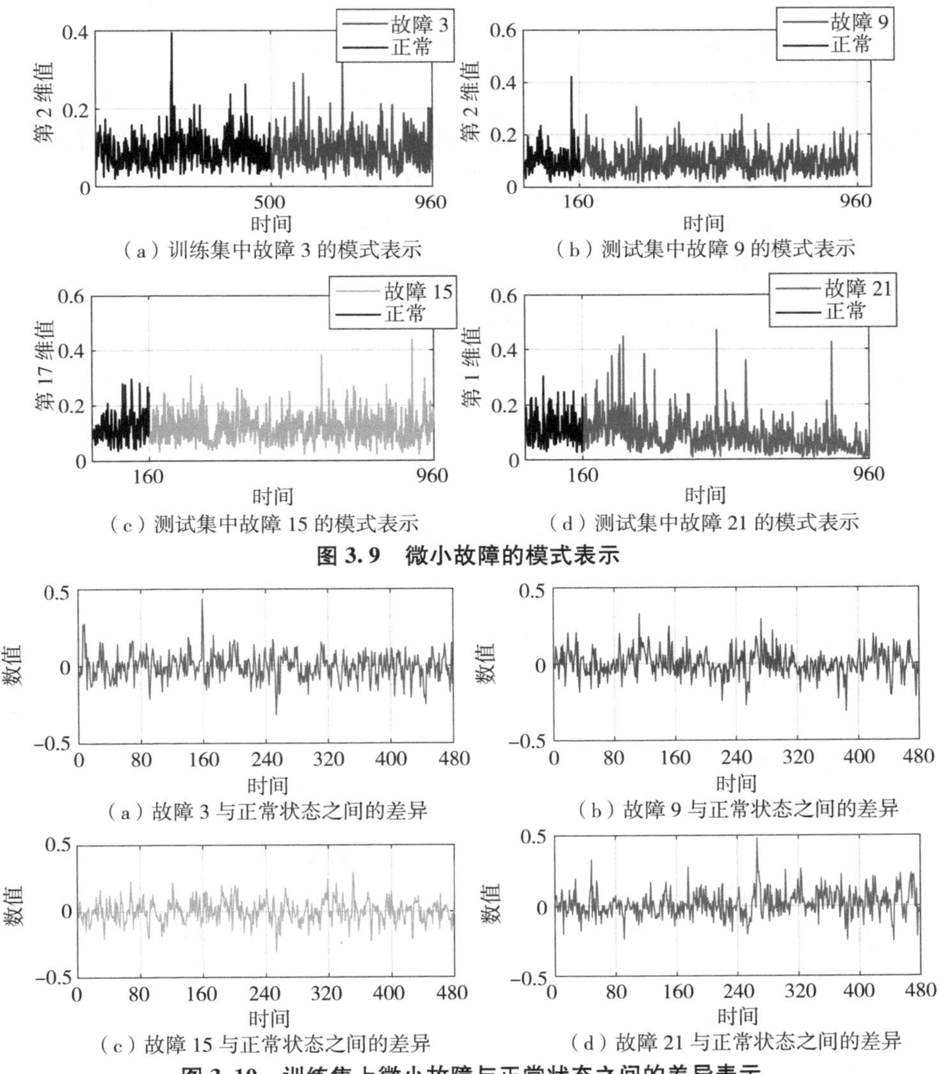

（a）训练集中故障 3 的模式表示　（b）测试集中故障 9 的模式表示

（c）测试集中故障 15 的模式表示　（d）测试集中故障 21 的模式表示

图 3.9　微小故障的模式表示

（a）故障 3 与正常状态之间的差异　（b）故障 9 与正常状态之间的差异

（c）故障 15 与正常状态之间的差异　（d）故障 21 与正常状态之间的差异

图 3.10　训练集上微小故障与正常状态之间的差异表示

表 3.3　TE 过程中的故障检测率

故障类型	故障 3	故障 9	故障 15	故障 21
故障检测率/%	95.75	99.25	98.75	99.5

3.5.3　故障分类

为了验证本章算法在多类别情况下的分类有效性，下面针对 TE 过程中的故障类进行分组实验验证。故障 4、故障 9 和故障 11 属于不同类型，且故障变量之间相互重叠。表 3.4 列出了它们的混淆矩阵，用于说明本章所提算法对这 3 种故障的辨识：每列代表实际检测到的样本数目，如第一行中的 773 指对于故障 4 检测到的正确样本数，而 4 是指将故障 4 误分为故障 9 的样本数，则该类的分类错误率是 3.375%。表 3.5 是误判率的对比，本章方法的分类误差为 14.41%，与 SSVM 相比降低了 9.41%[99]。

表 3.4　故障 4、故障 9 和故障 11 之间的混淆矩阵

故障类型	故障 4	故障 9	故障 11
故障 4	773	2	113
故障 9	4	692	141
故障 11	23	106	546

表 3.5　故障 4、故障 9 和故障 11 的误判率

算法	SVM	PSVM	单变量 SVM	SSVM	本章方法
故障误判率/%	44	35	29.86	23.82	14.41

故障 2、故障 10、故障 13 和故障 14 涵盖了所有的故障类型，并且彼此之间具有直接或间接的影响。在 TE 过程中，故障 2 和故障 10 属于流 4，而故障 13 和故障 14 影响流 4；同时，故障 10 又直接受故障 2 的影响。鉴于这些故障之间的相互影响与诱导，它们之间的区分难以实现，其混淆矩阵如表 3.6 所示。其中，将故障 2、故障 13 和故障 14 误判成故障 10 的数目最多，这是因为故障 10 与故障 2、故障 13 和故障 14 均紧密相关，吻合实际过程。本章算法对这 4 种 TE 故障类型故障的误判率是 6.47%，与 SSVM 相比降低了 1.75%[99]。

表 3.6　故障 2、故障 10、故障 13 和故障 14 之间的混淆矩阵

故障类型	故障 2	故障 10	故障 13	故障 14
故障 2	793	0	41	0
故障 10	7	786	135	0
故障 13	0	14	614	0
故障 14	0	0	10	800

图 3.11 是本章方法和稀疏表示（SR）、随机森林（RF）、支持向量机（SVM）、结构支持向量机（SSVM）方法的平均故障分类率对比。显然，本章方法优于其他方法，且平均分类精度比结构支持向量机高 9.17%[99]。此外，在不考虑故障 21 时，故障的分类率如图 3.12 所示。从图 3.12 中可见，这些方法对 TE 过程所有故障类的检测性能在趋势上大致一致，如故障 1 和故障 2 是阶跃变化，变量显著偏离正常状态，都能取得较高的诊断率；然而对于微小故障，本章方法的诊断率更高。

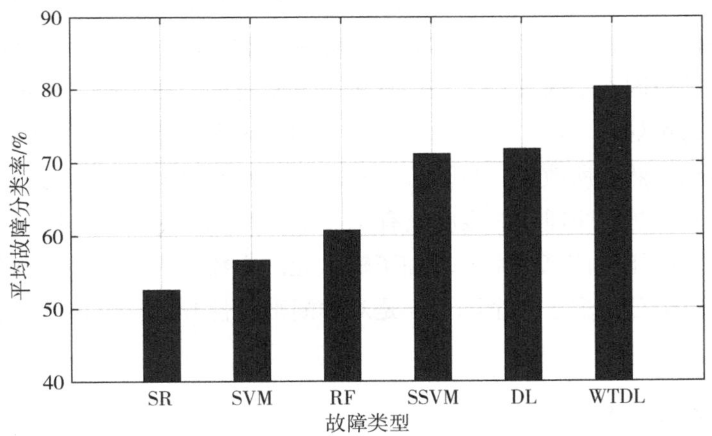

图 3.11　不同方法的平均故障分类率

从分类器角度来看，本章算法选用的是最简单和原始的支持向量机进行分类，其性能优于第二章中使用的 Softmax 分类器[115]，如图 3.12（a）所示。同时，本章算法的故障诊断率比基于栈式自编码网络故障诊断算法（参见第二章相关内容）高出 8.52%，如图 3.12（b）所示，表明加权时间序列能够通过促使栈式自编码网络对时间相关性的提取来提高平均故障检测率。

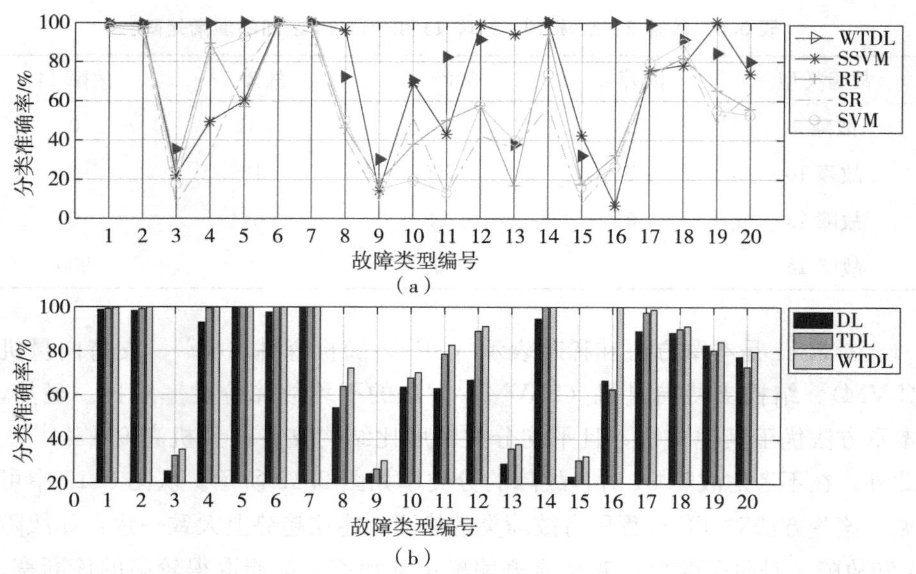

图 3.12　TE 过程中故障的分类率

本章中辨识一组监测数据所需的平均执行时间仅为 0.004 12 秒，与 3 分钟的采样间隔相比，是一种实时的检测和分类方法。本章算法在线处理时间短的主要原因在于仅使用了当前样本及其附近的历史数据，不需要对数据进行过多的预处理。本章的实验设置中：训练集样本数小于测试集样本数，但实验结果仍然有所改进，更验证了栈式自编码网络的强大学习能力。鉴于对 TE 过程数据预处理后的维度只有 156 维，3 层的栈式稀疏自编码器足以实现良好的性能。该算法由于增加了输入元的个数，因而网络结构相对于第二章的实验部分中多了一个隐层，是对诊断准确性和计算复杂度的折中。

3.6　本章小结

本章首先从函数逼近论的角度阐释栈式稀疏自编码网络的结构：多重非线性映射和复杂函数近似的结合；进而分析基于栈式稀疏自编码网络进行故障诊断的可行性，说明其提取的高阶统计量能更好地表示非线性、复杂数据，有效提升数据的利用率；然后提出了一种基于栈式稀疏自编码网络的改进算法：通过对当前样本点的加权时间延拓在降低随机干扰的基础上利用时间相关关系，以此作为栈式稀疏自编码网络的输入进行工业过程数据的表示学习，提取数据中隐藏的高阶相关性信息。

TE过程基准集上的实验表明，本章算法不仅可以区分故障和正常过程，而且可以辨识故障类型，且检测性能和诊断性能优于常用的多元统计分析算法与传统的人工智能算法；此外，实验部分还揭示了时间相关性和分类器对于诊断性能的影响。但是仅仅依靠时间拓扑结构的延展分析动态过程是不充分的，这是因为动态过程中的时间近邻并不一定是其在空间上的最近邻；并且以时间序列作为输入会扩大栈式自编码网络的参数量，进而导致网络训练的复杂度增加，那么如何在不增加栈式自编码网络复杂度的前提下对原始数据进行预处理以利用其时间关联？有待进一步研究。

第四章　基于动态估计的栈式自编码网络故障诊断

4.1　引言

在实际工业过程中，由于反馈系统和随机噪声的存在，动态特性是过程监控中固有且不可避免的问题。为了更好地利用过程的动态信息，已经提出了动态主成分分析、邻域保持嵌入（Neighborhood Preserving Embedding，NPE）等方法，包括第三章基于加权序列的栈式自编码故障诊断方法，都侧重于分析变量之间的互相关性和时间相关性。在第二章和第三章的研究中，虽然我们实验验证了多隐层网络打破了微小故障的检测瓶颈，但是由于深度学习“端到端”的学习模式，并没有具体阐述多隐层网络这一“黑盒子”对微小故障的检测能力。

多项式的泰勒级数展开（Taylor Expansion）是指对多项式函数采用无限项的连加式进行表示，相加项由函数在某一点的导数求得[116]。从函数逼近论角度，可分函数均可以写成泰勒展开式中可数个单项式的和，那么基于栈式自编码网络的多隐层表示是否可以转化成有限个多项式的级联表示？如果可以，泰勒展开中的高阶项能否对应于工业过程数据中隐含的细节变化？此外，时间序列相对于时刻点作为网络的输入，引入了更多的网络参数，导致模型的训练代价增加。更重要的是，仅仅从时间拓扑结构切入并不能够充分利用过程的动态特性，这是因为动态过程中的时间最近邻并不一定是其在空间上的最近邻。因此，在不增加多隐层网络复杂度的前提下，将过程的动态特性与表示学习技术相结合是对动态系统安全运行更合理有效控制的关键。

基于以上分析，本章将基于“时间-空间”上拓扑结构的改变实现平滑去噪，并结合栈式自编码网络研究动态过程的数据表示问题。主要贡献如下：

- 在不增加栈式自编码网络建模复杂度的前提下，提出了一种基于动态估计的栈式自编码网络故障诊断方法：以当前数据点的前 k 个最近邻对其进行重建，并推导证明了不仅可以保持原始数据的可分离性，而且可以增加类别之间的可区分距离。

・为了探索自编码网络的表达能力，从多项式泰勒展开的角度说明多层泰勒网络可以有效地逼近光滑的 Sigmoid 函数。特别地，泰勒展开的高阶项 $o(x^n)$ 解释了栈式自编码网络对微小故障的检测能力。

・数值仿真验证了多隐层泰勒网络对自编码网络的有效逼近能力；TE 过程上的实验验证了基于动态估计的栈式自编码网络故障诊断方法对于故障诊断性能的提升。

4.2　多项式泰勒展开阐释自编码网络

为了更直接地分析自编码网络的表示学习，自编码网络作为创建深层网络——栈式稀疏自编码网络的基本组成块，本章基于多隐层的 Taylor 网络对其进行几何解释。自编码网络是一种无监督的学习网络，可以将输入样本转换为具有稀疏性约束的不同维度代码，即特征提取。也就是说，给定一组由未标记的多变量过程测量值形成的训练集 $X=\{\boldsymbol{X}_1, \boldsymbol{X}_2, \boldsymbol{X}_3, \cdots\}$，$\boldsymbol{X}_i=[x_{i,1}, x_{i,2}, \cdots, x_{i,n}]^{\mathrm{T}}\in\mathbf{R}^{n\times1}$，自编码网络试图学习一个函数

$$\widetilde{X}=F_{\boldsymbol{W},\boldsymbol{b}}(X)\approx X。$$

自编码网络通过以下等式表示试图学习一个函数映射：

$$X\rightarrow H,\ \boldsymbol{H}_i=[h_1, h_2, \cdots, h_{n_l}]^{\mathrm{T}}\in\mathbf{R}^{n_l\times1},$$

$$z_i=\sum_{j=1}^{s}\boldsymbol{Iw}_{i,j}x_j+Hb_i,\ \forall i=1, 2, \cdots, n_l, \tag{4.1}$$

$$h_i=f(z_i), \tag{4.2}$$

$$\widetilde{x}_t=\sum_{i=1}^{n_l}\boldsymbol{Hw}_{t,i}h_i+Ob_t,\ \forall t=1, 2, \cdots, s, \tag{4.3}$$

其中，$\boldsymbol{Iw}$、$\boldsymbol{Hw}$ 是权重矩阵，Hb、Ob 是偏差。不失一般性，本章仍采用最常用的 Sigmoid 函数

$$f(z)=\frac{1}{1+\mathrm{e}^{-z}} \tag{4.4}$$

作为激活函数，形成 S 形超平面（一个分段超平面，由两个平行的超平面和

一个中间连接的超平面组成)。

理论上，如果函数 $f(x)$ 在 x_0 处可导，并且有 1 阶、2 阶、……、n 阶的导数，那么我们可以将它的泰勒多项式定义为，

$$T_n(x) \triangleq f(x_0)+\frac{f'(x_0)}{1!}(x-x_0)+\frac{f''(x_0)}{2!}(x-x_0)^2+\frac{f'''(x_0)}{3!}(x-x_0)^3+\cdots+\frac{f^{(n)}(x_0)}{n!}(x-x_0)^n, \tag{4.5}$$

$$\begin{aligned}\Rightarrow \lim_{x\to x_0}\frac{f(x)-T_n(x)}{(x-x_0)^n} &= \lim_{x\to x_0}\frac{[f(x)-T_n(x)]'}{[(x-x_0)^n]'}=\lim_{x\to x_0}\frac{f'(x)-T'_n(x)}{n(x-x_0)^{n-1}}\\ &=\cdots\\ &=\lim_{x\to x_0}\frac{[f(x)-T_n(x)]^{(n)}}{[(x-x_0)^n]^{(n)}}\\ &=\frac{1}{n!}\lim_{x\to x_0}\left[\frac{f^{(n-1)}(x)-f^{(n-1)}(x_0)}{x-x_0}-f^{(n)}(x_0)\right]\\ &=0,\end{aligned} \tag{4.6}$$

即

$$f(x)-T_n(x)=o((x-x_0)^n), \tag{4.7}$$

因此，函数 $f(x)$ 带有 Peano 余项的 Taylor 展开为：

$$f(x)=f(x_0)+f'(x_0)(x-x_0)+\frac{f''(x_0)}{2!}(x-x_0)^2+\cdots+\frac{f^{(n)}(x_0)}{n!}(x-x_0)^n+o((x-x_0)^n), \tag{4.8}$$

基于以上公式，e^x 可以被展开为，

$$e^x=1+x+\frac{x^2}{2}+\frac{x^3}{3!}+\cdots+\frac{x^n}{n!}+o(x^n), \tag{4.9}$$

$$e^{-x}=1-x+\frac{x^2}{2}-\frac{x^3}{3!}+\cdots+\frac{x^n}{n!}+o(x^n), \tag{4.10}$$

那么，Sigmoid 函数的 Taylor 展开为，

$$f(x)=\frac{1}{1+e^{-x}}=\frac{1}{1-(-e^{-x})}, \tag{4.11}$$

$$\xrightarrow{\text{Taylor 展开}}$$

$$\begin{aligned}f(x)&=1+(-e^{-x})+(-e^{-x})^2+(-e^{-x})^3+\cdots+(-e^{-x})^n+o((-e^{-x})^n)\\ &=1-e^{-x}+e^{-2x}-e^{-3x}+\cdots+e^{-nx}+o(-e^{-nx})\end{aligned}$$

$$
\begin{aligned}
&=1-\left[1-x+\frac{x^2}{2}-\frac{x^3}{3!}+\frac{x^4}{4!}-\frac{x^5}{5!}+\cdots+o(-x^n)\right]+\\
&\quad\left[1-2x+\frac{(2x)^2}{2}-\frac{(2x)^3}{3!}+\frac{(2x)^4}{4!}-\frac{(2x)^5}{5!}+\cdots+o(-(2x)^n)\right]-\\
&\quad\left[1-3x+\frac{(3x)^2}{2}-\frac{(3x)^3}{3!}+\frac{(3x)^4}{4!}-\frac{(3x)^5}{5!}+\cdots+o(-(3x)^n)\right]+\\
&\qquad\qquad\qquad\qquad\cdots+\\
&\quad\left[1-nx+\frac{(nx)^2}{2}-\frac{(4x)^3}{3!}+\frac{(nx)^4}{4!}-\frac{(nx)^5}{5!}+\cdots+o(-(nx)^n)\right]+\\
&\quad o(-\mathrm{e}^{-nx})\\
&=1+\sum_{i=1}^{n}(-1)^i[1-\sum_{i=1}^{n}ix+\sum_{i=1}^{n}i^2x^2-\sum_{i=1}^{n}i^3x^3+\cdots+\sum_{i=1}^{n}i^nx^n+\\
&\quad o(-\sum_{i=1}^{n}i^nx^n)]+o(-\mathrm{e}^{-nx}),
\end{aligned}
\tag{4.12}
$$

此时，定义函数 $f(x)$ 为：

$$
f(x)\triangleq w_1x+w_2x^2+w_3x^3+\cdots+w_nx^n+o(x^n)f(x),\tag{4.13}
$$

因此，当 $n\to\infty$ 时，Sigmoid 函数 $f(z)=\frac{1}{1+\mathrm{e}^{-z}}$ 可以用以上泰勒多项式近似表示。特别地，泰勒展开式（4.12）和式（4.13）中的高阶项无穷小项 $o(x^n)$ 控制着对 Sigmoid 函数的逼近程度，也是对 Sigmoid 函数中微小变化的表示。

由于高阶的 Taylor 多项式是逐点光滑的非线性函数，可用于平滑非平滑的函数端点，因此公式（4.13）表明激活函数分别为 $f_1(z)=z$，$f_2(z)=z^2$，$f_3(z)=z^3$，…，$f_n(z)=z^n$ 的多级 Taylor 网络，可以有效地逼近平滑的 Sigmoid 函数，如图 4.1 所示。那么，具有 n 个输入的 Sigmoid 单元节点与第 i 个超平面的交点

$$
h_i=f(z_i)=\frac{1}{1+\mathrm{e}^{-z_i}},\tag{4.14}
$$

可与 $h_{i1}=f_1(z_i)=z_i$，$h_{i2}=f_2(z_i)=z_i^2$，$h_{i3}=f_3(z_i)=z_i^3$，…，$h_{in}=f_n(z_i)=z_i^n$ 替换。进一步，在合并同类项后，自编码网络几乎等价于多层的 Taylor 网络，如图 4.2 所示。

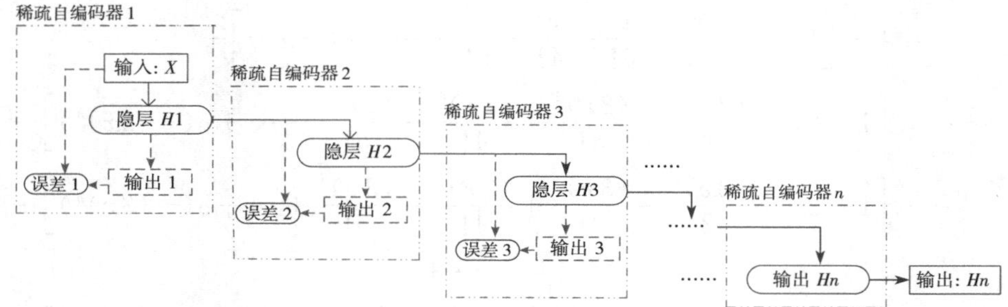

图 4.1　多隐层的栈式自编码网络框架

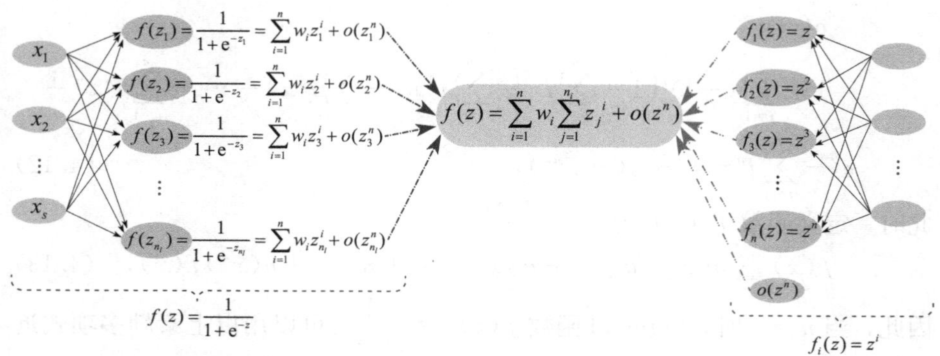

图 4.2　自编码网络与多层泰勒网之间的等价性释义

随着自编码网络的堆叠，非线性组合的阶数增加，针对过程监控数据，学习到的细节特征更明显，对应于泰勒级数中高阶项 $o(x^n)$，也就是说，泰勒展开的高阶项是对数据中微小变化的抽象表示，展开级数的选取可以指导栈式自编码网络在故障诊断中的参数设置。不失一般性，基于如下 2 个公式，一个 5 层 Tayler 网络足以实现与 AE 网络相同的性能：

$$f(x)=\frac{1}{1+\mathrm{e}^{-x}}$$
$$=3x-\frac{15x^2}{2}+\frac{81x^3}{3!}-\frac{435x^4}{4!}+\frac{2313x^5}{5!}+[-o(x^5)+o(-\mathrm{e}^{-5x})], \tag{4.15}$$

或者

$$f(x)=3x-\frac{15x^2}{2}+\frac{81x^3}{3!}-\frac{435x^4}{4!}+\frac{2313x^5}{5!}+\frac{x^6}{6!}(-\mathrm{e}^{-\theta x}+\mathrm{e}^{-2\theta x}-\mathrm{e}^{-3\theta x}+\mathrm{e}^{-4\theta x}-\mathrm{e}^{-5\theta x})+\frac{\mathrm{e}^{-6x}}{(1+\theta\mathrm{e}^{-x})^7}。 \tag{4.16}$$

为了学习输入单元的潜在表示，在获得损失函数和梯度之后，通过原始输入值与重建输出值之间的均方误差最小化

$$F(\widetilde{X}, X)=\frac{1}{m}\sum_{k=1}^{m}\frac{1}{2}\|\widetilde{X}-X\|^2, \tag{4.17}$$

来训练参数。同样，为了消除输入冗余并找到主要驱动量，对隐层单元引入稀疏性限制。当输入是多模态的过程测量时，隐层的输出是对输入的表示学习。对于大型的复杂工业过程，可以基于公式（4.15）拓展网络获取更高阶的相关性和统计特性。

4.3　基于动态估计的表示学习

考虑到工业过程的动态性，第三章通过对当前样本点进行时间拓扑结构延展来获取时间相关性[93]，但是这样会增加网络的输入，导致网络参数的增加。本章拟从数据重建的角度，融合特定时间窗口内的邻域信息对当前样本“时间-空间”拓扑结构的调整，以此降低数据中的随机干扰，研究工业过程中的动态表示问题。

对于当前样本数据 x_i，它与相邻的采样数据点 $\{x_{i-k}, \cdots, x_{i-1}, x_i, x_{i+1}, \cdots, x_{i+k}\}$ 最相关。但在动态的过程运行中，为了实现实时的检测，只能考虑对历史样本的记忆，否则会造成检测延迟。同时，x_i 与 x_j（$j<i-k$）之间的相关性可能会随着时间的延长而减弱甚至消失，需要一个适当的窗口长度来限制邻居点的选择范围。拟采用 k 近邻方法从当前点与其相近邻居之间形成的时间拓扑结构 $\{x_{i-2k}, \cdots, x_{i-k}, \cdots, x_{i-1}, x_i\}$ 中选取空间距离上的邻域样本点，这一特定窗口的长度是 $L=2k+1$。

k 近邻规则是通过特征空间中的距离寻找新对象的最近邻。动态过程在时间尺度上的最近邻不一定是其在距离空间上的最相邻，这个从图 4.3 可以看出。针对动态过程：

$$x=As+e, \tag{4.18}$$

$$s_k=\sum_{j=1}^{p}\beta v(k-j+1), \tag{4.19}$$

其中，v 表示 3 个相互独立的高斯分布数据源，e 是高斯白噪声。从图 4.3 中可见，只有两个时间尺度上的最近邻是样本点基于空间距离的 k 近邻，验

证了时间近邻并不全部是离样本距离最近的 k 近邻（k=5）。事实上，这是本章工作的大前提，也就是说，只有当时间最近邻和空间最近邻不完全重合时，样本点的动态估计才能通过“时间-空间”拓扑结构的改变，实现在对数据的平滑去噪基础上对时间相关性信息的利用。

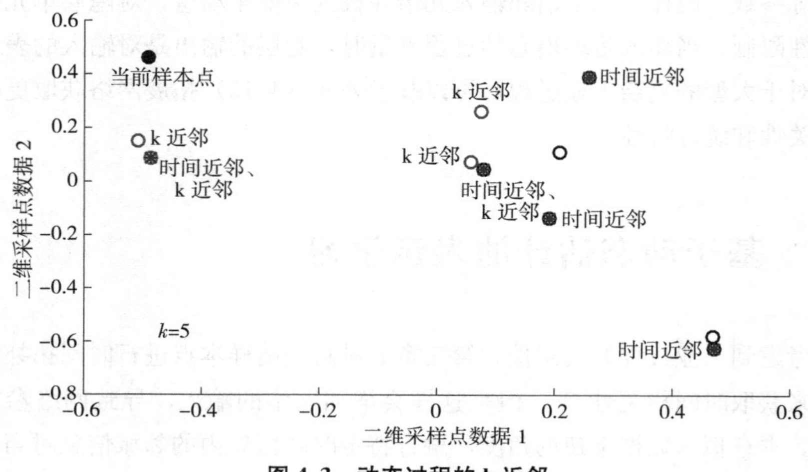

图 4.3　动态过程的 k 近邻

虽然 k 近邻算法寻找的是动态过程最优的空间近邻，但受限于动态过程的时间相关性，近邻点关于时间尺度上的记忆能力或影响因子重要性是不可忽视的。上述拓扑结构基本上保留了时间距离，但是为了增强时间相关性的灵敏度，结合权重揭示时间尺度中不同的距离特征。因此，

$$\begin{aligned} w_{ij} &= \exp(-T/\sigma) \\ &= \exp\left(-\frac{t_j - t_i}{\sum_{j=1}^{k}(t_j - t_i)}/\sigma\right) \\ &= \exp\left(-\frac{t_j - t_i}{\sigma\sum_{j=1}^{k}(t_j - t_i)}\right), \end{aligned} \tag{4.20}$$

考虑 k 近邻的比重影响，结合第 i 个时刻点关于第 j 个近邻的时间偏差

$$T = \frac{t_j - t_i}{\sum_{j=1}^{k}(t_j - t_i)}, \tag{4.21}$$

进行表示。时间权重 w_{ij} 是沿着采样轴描述近邻的一个递减函数：w_{ij} 取值越大，距离越近。因此，改进的时间拓扑结构如下：

$$(X_{i-2k},\ \cdots,\ X_{i-k},\ \cdots,\ X_{i-1},\ X_i)$$

$$\xrightarrow{\text{从宽度为 }2k\text{ 的邻域窗内选择 }k\text{ 个近邻}} (X_{i-j_k},\ X_{i-j_{k-1}},\ \cdots,\ X_{i-j_1},\ X_i)$$

$$\xrightarrow{\text{时间拓扑结构延展}} \begin{bmatrix} x_{i-j_k}^{(1)} & x_{i-j_{k-1}}^{(1)} & \cdots & x_{i-j_1}^{(1)} \\ x_{i-j_k}^{(2)} & x_{i-j_{k-1}}^{(2)} & \cdots & x_{i-j_1}^{(2)} \\ \vdots & \vdots & & \vdots \\ x_{i-j_k}^{(s)} & x_{i-j_{k-1}}^{(s)} & \cdots & x_{i-j_1}^{(s)} \end{bmatrix} \in \mathbf{R}^{s\times k}$$

$$\xrightarrow[T=\frac{t_j-t_i}{\sum_{j=1}^{k}(t_j-t_i)}]{w_{ij}=\exp(-T/\sigma)} \begin{bmatrix} w_{ij_k}x_{i-j_k}^{(1)} & w_{ij_{k-1}}x_{i-j_{k-1}}^{(1)} & \cdots & w_{i1}x_{i-j_1}^{(1)} \\ w_{ij_k}x_{i-j_k}^{(2)} & w_{ij_{k-1}}x_{i-j_{k-1}}^{(2)} & \cdots & w_{i1}x_{i-j_1}^{(2)} \\ \vdots & \vdots & & \vdots \\ w_{ij_k}x_{i-j_k}^{(s)} & w_{ij_{k-1}}x_{i-j_{k-1}}^{(s)} & \cdots & w_{i1}x_{i-j_1}^{(s)} \end{bmatrix} \in \mathbf{R}^{s\times k}$$

$$\xrightarrow{\text{重构估计}} \hat{\mathbf{X}} = \begin{bmatrix} \sum_{r=1}^{j_k}(w_{ir}x_{i-r}^{(1)}) \\ \sum_{r=1}^{j_k}(w_{ir}x_{i-r}^{(2)}) \\ \vdots \\ \sum_{r=1}^{j_k}(w_{ir}x_{i-r}^{(s)}) \end{bmatrix} \in \mathbf{R}^{s\times 1}。 \tag{4.22}$$

事实上，通过k近邻方法寻找过特征空间中的当前样本点的最近邻对其进行重构估计，不仅结合时间窗实现了对样本的平滑去噪，而且改变了样本的“时间-空间”拓扑结构。为了说明动态估计算法对过程监控的有效性，笔者给出以下定理论证动态估计的几何意义。

定理 4.1　对于 n 维欧氏空间 $\mathbf{R}^n$ 中的基本列 $\{X_n\}$，其线性组合 $\{Y_n \mid Y_i=\sum_{j=1}^{i}w_jX_j,\ 0<w_j<1\}$ 保持可分性。

证明：n 维欧氏空间 $\mathbf{R}^n$ 是向量集 $\mathbf{X}_i=(x_{i1},\ x_{i2},\ \cdots,\ x_{in})$ 的整体，其中 x_{ij} （$j=1,\ 2,\ \cdots,\ n$） 是实数。

首先，定义

$$\rho(X_i,\ X_j)=\left[\sum_{k=1}^{n}(x_{ik}-x_{jk})^2\right]^{\frac{1}{2}},$$

此时，$\mathbf{R}^n$ 满足以下 3 个条件：

（ⅰ） $\rho(X_i,\ X_j)\geqslant 0$；

（ⅱ）$\rho(X_i, X_j)=\rho(X_j, X_i)$；

（ⅲ）$\sum_{k=1}^{n}(x_{ik}-x_{jk})^2 \leqslant \left\{\left[\sum_{k=1}^{n}(x_{ik}-x_{sk})^2\right]^{\frac{1}{2}}+\left[\sum_{k=1}^{n}(x_{sk}-x_{jk})^2\right]^{\frac{1}{2}}\right\}^2$；

因此，$\mathbf{R}^n$ 是度量空间。

因为

$$\sum_{k=1}^{n}(\lambda a_k-b_k)^2=\lambda^2\sum_{k=1}^{n}a_k^2+2\lambda\sum_{k=1}^{n}a_kb_k+\sum_{k=1}^{n}b_k^2\geqslant 0,$$

所以

$$\Delta=\left(2\sum_{k=1}^{n}a_kb_k\right)^2-4\cdot\sum_{k=1}^{n}a_k^2\cdot\sum_{k=1}^{n}b_k^2\leqslant 0,$$

所以

$$\left(\sum_{k=1}^{n}a_kb_k\right)^2\leqslant\sum_{k=1}^{n}a_k^2\cdot\sum_{k=1}^{n}b_k^2,$$

设 $a_i=(x_{ik}-x_{sk})$，$b_i=(x_{sk}-x_{jk})$，则有

$$\sum_{k=1}^{n}(x_{ik}-x_{jk})^2\leqslant\left\{\left[\sum_{k=1}^{n}(x_{ik}-x_{sk})^2\right]^{\frac{1}{2}}+\left[\sum_{k=1}^{n}(x_{sk}-x_{jk})^2\right]^{\frac{1}{2}}\right\}^2,$$

由于 $f: X\to Y$ 是满射，那么 $\{Y_n \mid Y_i=\sum_{j=1}^{i}w_jX_j,\ 0<w_j<1\}\subset\mathbf{R}^n$。

此外，$\forall\varepsilon>0$，$\exists N>0$，s. t. 当 $n>N$ 时，$|X_n-X|<\frac{\varepsilon}{n}$，即 $\{X_n\}$ 是基本列。

所以

$$\begin{aligned}\left|\sum_{i=1}^{n}w_iX_i-\sum_{i=1}^{n}w_iX\right| &< |w_1X_1-w_1X|+|w_2X_2-w_2X|+\cdots+\\ &\quad |w_nX_n-w_nX|\\ &< \max(w_1, w_2, \cdots, w_n)\cdot(|X_1-X|+\\ &\quad |X_2-X|+\cdots+|X_n-X|)\\ &< \frac{\varepsilon}{n}+\frac{\varepsilon}{n}+\cdots+\frac{\varepsilon}{n}=\varepsilon,\end{aligned}$$

即

$$|Y_n-Y|<\varepsilon,$$

故 $\{X_n\}$ 的线性组合 $\{Y_n \mid Y_i=\sum_{j=1}^{i}w_jX_j,\ 0<w_j<1\}$ 仍保持其可分性。

对于随机给定的数据，基于公式（4.15）对其进行估计后如图 4.4 所

示。显然，图 4.4（b）和图 4.4（d）中的动态估计数据分别保持了图 4.4（a）和图 4.4（c）中原始数据的可分性。更重要的是，估计数据还增加了类别之间的可区分性，这也正是我们所期望的。

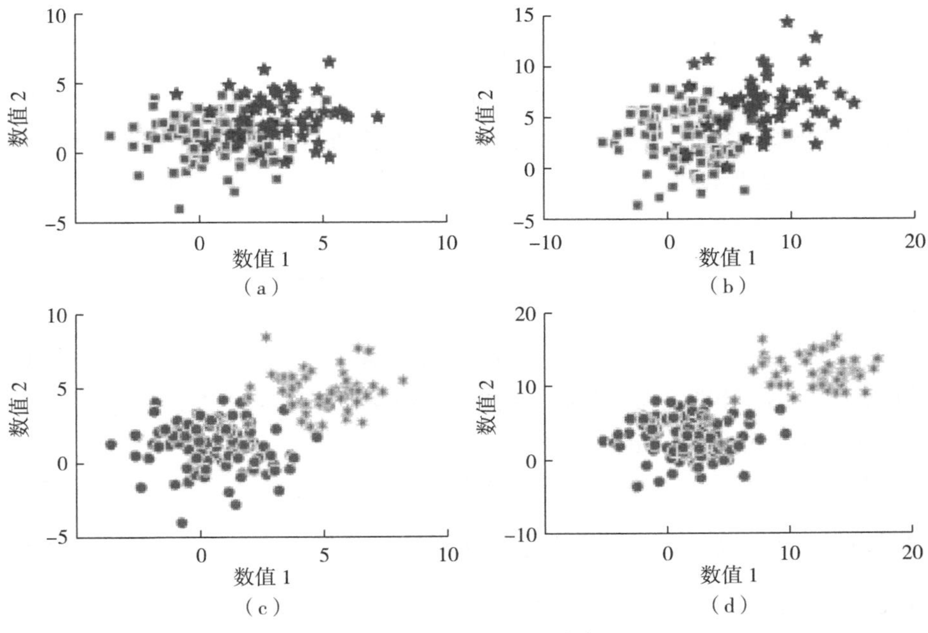

图 4.4　数据的重构估计表示

目前，由于多隐层网络这一深层体系结构在表示和分类中的引入，识别系统的性能得到了显著提高。重估计之后仍使用多重非线性映射的组合来学习数据中隐含的相关性特征表示——采用栈式稀疏自编码网络。由于栈式稀疏自编码网络得到的是高阶多项式函数，当量级增大时，可分离性相应增加。表示学习的最终激活值 $a^{(n)}$ 是在原始点的“时间-空间”拓扑结构中寻找最近邻实现估计后，通过网络的多重非线性映射进行组合所获取的高阶相关性特征表示。在具有大量无标记样本的过程监控中，无监督的表示学习方法较为实用。

4.4　基于动态估计的栈式自编码网络诊断框架

通常，多变量过程可以表示为：

$$\boldsymbol{x}=\boldsymbol{A}\boldsymbol{s}+\boldsymbol{e}, \tag{4.19}$$

其中，监测值 $\boldsymbol{x}$ 有 m 个变量，$\boldsymbol{x}\in\mathbf{R}^m$，系数矩阵 $\mathbf{A}\in\mathbf{R}^{m\times r}$ 列满秩，$\boldsymbol{s}\in\mathbf{R}^r$ 定义了 r 个数据源（$r<m$），$\boldsymbol{e}\in\mathbf{R}^m$ 是噪声。当有故障发生时，过程表示为：

$$\boldsymbol{x}=\boldsymbol{x}^*+\boldsymbol{\xi}\boldsymbol{f}=\boldsymbol{A}\boldsymbol{s}^*+\boldsymbol{e}+\boldsymbol{\xi}\boldsymbol{f}\boldsymbol{x}=\boldsymbol{A}\boldsymbol{s}+\boldsymbol{e}, \tag{4.20}$$

或者

$$\boldsymbol{x}=\boldsymbol{A}(\boldsymbol{s}^*+\boldsymbol{\xi}\boldsymbol{f})+\boldsymbol{e}\boldsymbol{x}=\boldsymbol{A}\boldsymbol{s}+\boldsymbol{e}, \tag{4.21}$$

其中，$\boldsymbol{x}^*$ 和 $\boldsymbol{s}^*$ 分别是无故障状态时的监测值和数据源，系数矩阵 $\boldsymbol{\xi}\in\mathbf{R}^m$ 是故障在变量上分布的权重。

基于以上表述，该检测问题是线性可逆问题，故障 $\boldsymbol{f}$ 不能直接观察到，需要根据与数据源 $\boldsymbol{s}$ 相关的监测值 $\boldsymbol{x}$ 来确定，可以由参数化函数 $\hat{\boldsymbol{f}}=G(\boldsymbol{x})$ 替代，$\hat{\boldsymbol{f}}$ 是 $\boldsymbol{f}$ 的估计值。深度网络通过“线性组合与非线性映射”级联的网络结构实现函数 G 的参数化，从监测值 $\boldsymbol{x}$ 中学习并生成故障 $\boldsymbol{f}$ 的有效表示，这一过程的可行性已经在 4.3 节中对泰勒展开近似自编码网络的论证中进行了阐述。

在模式匹配中，Softmax 分类器可以用于任意数量的分类，它的输出是类别的概率密度分布，即属于每一类的概率[115]，其代价函数是严格凸函数，Hessian 矩阵可逆保证了算法能够收敛到全局最小值。

过程监控中，基于动态估计的栈式自编码网络故障诊断算法的基本思想是：对于给定的工业样本，首先基于 k 近邻算法对当前监测样本点实现“时间-空间”拓扑结构的动态重建；然后通过栈式自编码网络实现高阶相关性特征的无监督表示学习；最后根据部分已标记样本训练分类器参数，判断监控过程运行是否在控制内，算法框架如图 4.5 所示。

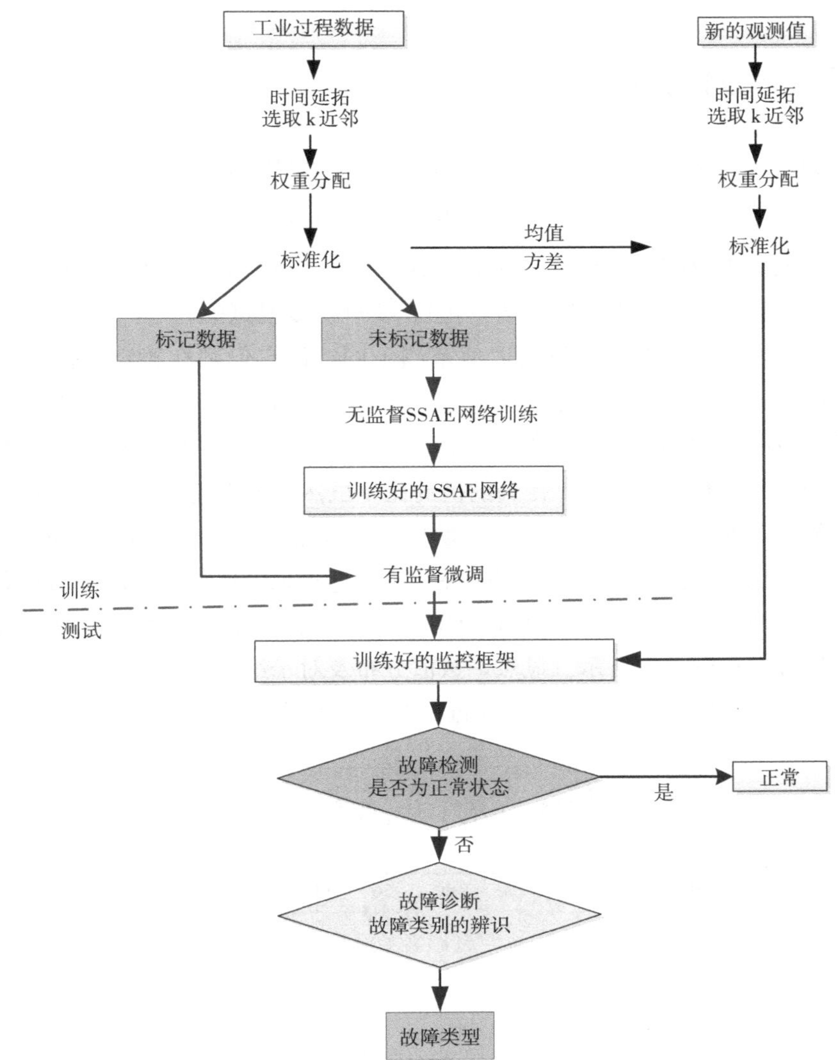

图 4.5　基于动态估计的栈式自编码网络故障诊断流程

4.5　实验验证与分析

为了验证本章诊断框架的性能，实验部分设置如下：首先采用数值仿真说明泰勒展开能够近似并替代自编码网络；然后在 TE 过程数据上验证动态估计的优越性；进而验证本章方法在过程监控中的故障诊断性能。

4.5.1 数值分析

为了说明多层泰勒网络和自编码网络的学习能力，对问题 $f(x)=x_1\sin x_1+x_2\sin x_2-0.75$ 进行数值仿真测试（同参考文献［117］）。训练数据是随机生成的，且输入集的范围缩放至 $[-2, 2]^2$。不失一般性，对该测试问题选取不同的网络初始值，进行 1000 次重复试验。

图 4.6 中，虽然输出值的取值范围不同，但它们都在特定的区间内波动，而且函数值的特征变化趋势保持一致。以第 40～50 个样本为例，这些样本由稀疏自编码网络计算得到的值在图 4.6（b）中平稳变化，同时在图 4.6（c）中由泰勒网络计算得到的值的比率虽然呈下降趋势，但变化较为缓慢。相比较而言，图 4.6（c）的波动趋势更接近图 4.6（a）中的数值变化，这表明 5 层泰勒网络与自编码网络性能相近，且足以代替自编码网络在数值逼近中的使用。此外，由稀疏自编码网络和 5 层泰勒网络进行表示学习之后的数据分布如图 4.7 所示。显然，数值分布及对于细节的描述较为一致，也就是说，5 层泰勒网络可以有效地近似自编码网络。

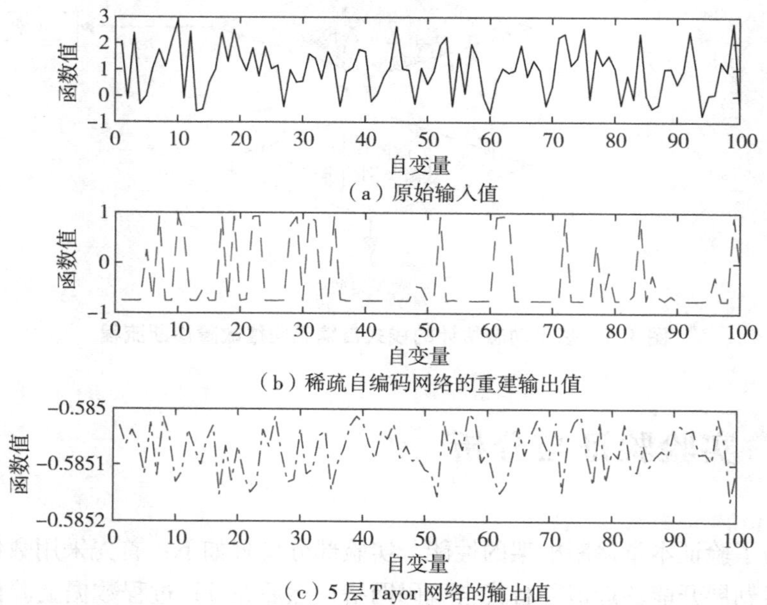

图 4.6　自编码网络与 5 层泰勒网络对数据的表示对比

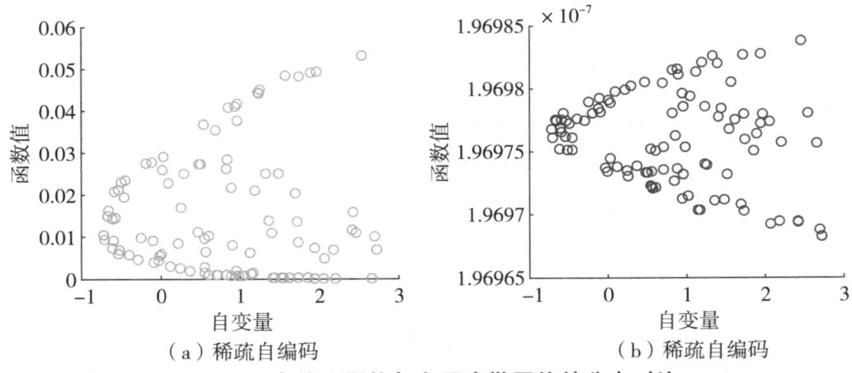

（a）稀疏自编码　　（b）稀疏自编码

图 4.7　自编码网络与多层泰勒网络的分布对比

4.5.2　TE 过程案例分析

作为化学工业过程的公共基准，TE 过程非常适合多变量控制问题。图 4.8 和图 4.9 是对不同的表示方案的可视化。如图 4.8 所示，变量的估计表示比直接标准化后的数据表示更锐化（变量是从连续测量变量中随机选取的：E 流，故障类型也是随机选取：阶跃型），这意味着动态的表示学习有助于缩放细节/微小的变化，更为敏感。显然，从图 4.9 中也可以看出，样本表示在动态估计之后也发生了变化，并且学习到的动态表示对于模式识别是有利的。

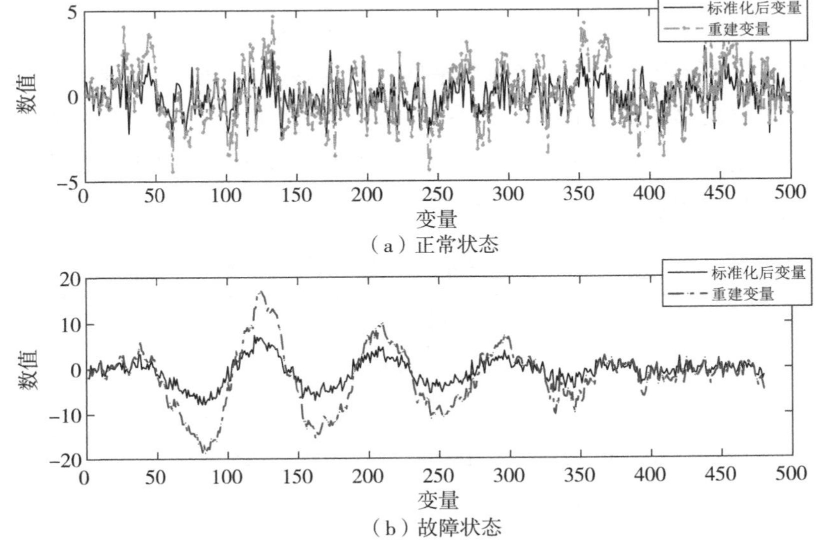

（a）正常状态

（b）故障状态

图 4.8　TE 过程中变量的重构估计表示

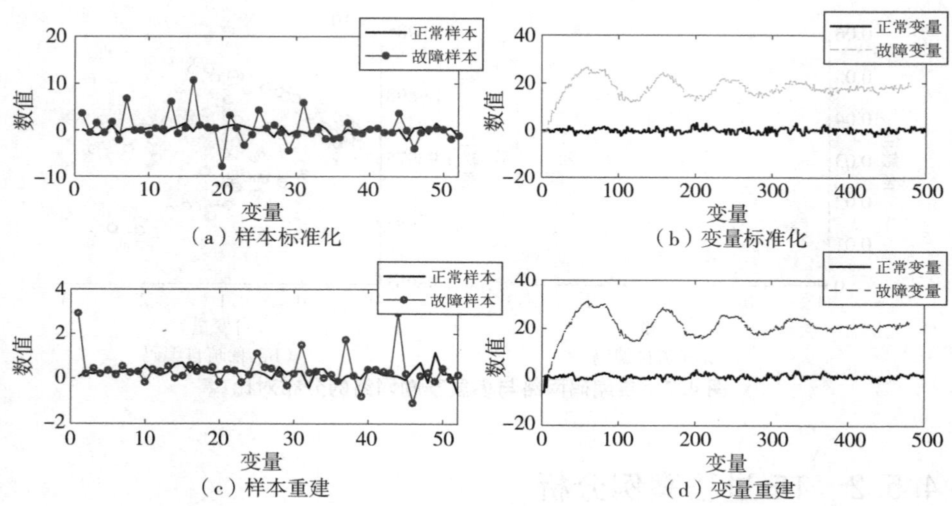

图 4.9 动态重构估计后的故障表示

为方便起见，我们在实验部分将本章方法缩写为“DRL”。由于训练集中的正常样本仅为 500 个，为了避免网络训练中不同类别之间的数据不均衡问题，我们将它与测试数据集中的前 100 个正常样本相组合作为新的正常训练样本集合，而每类故障剩余的 860 个样本仍为测试样本以识别故障是否发生。表 4.1 中列出了正常数据的故障误警率。由于主成分分析法(PCA)[97]、动态主成分分析法（DPCA）[97]、邻域保持嵌入（NPE）[118]、动态邻域保持嵌入（DNPE）[118] 和时间信息约束嵌入（TICE）[119] 中均需要对原始数据进行降维，为了确保公平性，对这些方法均选择降维后是维数为 35 维，同时在邻域保持嵌入、动态邻域保持嵌入和时间信息约束嵌入中选择每个数据点的邻居数量为 48 个[120]。本章方法在无故障情况下的误检率值最小，这意味着对该过程的监控结果正常。

表 4.1 TE 过程中不同方法的故障误检率汇总

正常	PCA		NPE		TICE		DL	OCSVM
	T^2	SPE	T^2	SPE	T^2	SPE		
误检率	0.9358	0.9358	0.8342	0.9385	1.0428	0.9385	0.9370	5.23
正常	DPCA		DNPE		SRPE		WTDL	DRL
	T^2	SPE	T^2	SPE	T^2	SPE		
误检率	0.9395	0.9395	0.8342	1.0428	2.57	6.4	0.32	0.1622

然后，在 21 类故障数据上进行实验验证。表 4.2 和表 4.3 分别汇总了 TE 过程中不同方法的故障漏检率（Miss Alarm Rate，MAR）和故障检测率，粗体表示每类故障中的最佳检测结果，从这 2 个表中可以看出本章所提出的比其他方法更为有效。具体地，与表 4.2 中的主成分分析法、动态主成分分析法和时间邻域嵌入法相比，本章基于估计的方法在故障检测中通过模式匹配显现了其在识别方面的优势。由于故障 1、故障 2、故障 4、故障 6、故障 7、故障 12、故障 13 和故障 14 相对容易检测，这 4 种方法都能取得良好的检测结果，但本章方法比其他方法在性能上更具优势。对于一些不那么容易检测的故障：如故障 5、故障 8、故障 10、故障 11、故障 16、故障 17、故障 18 和故障 20，本章方法仍然能确保得到最佳的监测结果；特别地，对于微小故障：故障 3、故障 9、故障 15、故障 19 和故障 21，本章方法的漏检率明显低于其他方法。

表 4.2　TE 过程中不同方法的故障漏检率汇总

故障类型	PCA		DPCA		TICE		本章方法
	T^2	SPE	T^2	SPE	T^2	SPE	
IDV（1）	0.75	0.25	0.375	0.1252	0	0.75	0
IDV（2）	1.5	1.375	1.3767	3.3792	1.25	1.625	0.13
IDV（3）	97.5	95.625	95.4944	96.3705	93.25	99.25	2.77
IDV（4）	52.5	0	58.1977	0	0	61.75	0
IDV（5）	72.875	64.625	71.8398	76.5957	0	77.5	0
IDV（6）	0.625	0	0.5006	0	0	0	0
IDV（7）	0	0.5	0	48.1852	0	0	0
IDV（8）	2.75	4.5	2.6283	19.3992	1.875	2.625	1.51
IDV（9）	96.625	94.75	96.4956	97.3717	95.375	99.375	1.01
IDV（10）	64.375	51.625	62.8258	67.4593	10.875	58.375	1.76
IDV（11）	46.375	34.75	46.433	12.2653	20.875	52.5	4.53
IDV（12）	1.375	7.125	0.8761	12.8911	0.125	1.375	0
IDV（13）	5	4.375	4.8811	5.0063	4.625	5.75	1.26
IDV（14）	0.25	6.875	0	3.7547	0	0.125	0
IDV（15）	97.25	94.5	96.8711	95.8698	88.875	96.375	0.02
IDV（16）	80.75	51.625	81.9775	65.9547	11	77.75	0.88
IDV（17）	19.75	3	17.8974	2.6283	3.75	15.375	0.50

续表

故障类型	PCA		DPCA		TICE		本章方法
	T^2	SPE	T^2	SPE	T^2	SPE	
IDV（18）	10.625	9.5	10.6383	9.5119	10	10.75	0.38
IDV（19）	89.125	72.5	78.7234	77.7222	11.5	99.5	6.17
IDV（20）	61.5	42.25	56.4456	47.0588	10.125	59.5	0.13
IDV（21）	54.625	55.25	53.9424	62.4531	42.5	65	15.99

表 4.3　TE 过程中不同方法的故障检测率汇总

故障类型	PCA		OCSVM	WTDL	本章方法
	T^2	SRPE			
IDV（1）	100	99.25	99.80	100	100
IDV（2）	99	98.25	98.60	99.77	99.87
IDV（3）	9.63	16.13	6.75	99.75	97.23
IDV（4）	100	44.75	99.6	100	100
IDV（5）	100	35.88	100	100	100
IDV（6）	100	99.63	100	100	100
IDV（7）	100	100	100	100	100
IDV（8）	97.88	98.50	97.9	97.88	98.49
IDV（9）	6.50	13.25	9.13	99.25	98.99
IDV（10）	91.00	56.50	87.62	99.75	98.24
IDV（11）	76.63	55.75	69.81	94.35	95.47
IDV（12）	99.88	99.38	99.80	99.75	100
IDV（13）	95.50	94.38	95.5	99.75	98.47
IDV（14）	100	99.63	100	100	100
IDV（15）	18.75	21.00	15.6	99.75	97.86
IDV（16）	94.13	46.88	89.8	99.75	99.12
IDV（17）	97.25	82.13	95.3	100	99.5
IDV（18）	90.63	90.50	90	99.5	99.62
IDV（19）	92.63	9.88	83.9	97.88	93.83
IDV（20）	91.50	53.63	52.80	99.63	99.87
IDV（21）	68.13	43.00	5.23	99.5	84.01

另外，本章方法与稀疏表示保持嵌入（Sparse Representation Preserving Embedding，SRPE）[120]、一类支持向量机（One-class SVM，OCSVM）和基于多隐层网络的加权时间序列深度学习（WTDL）[93] 方法之间的比较如表 4.3 所示，虽然不同方法的故障检测率彼此接近，但本章方法对故障 1、故障 4、故障 5、故障 6、故障 7、故障 12、故障 14 可以实现 100%的检测率，说明了通过 k 近邻估计可以有效地学习到数据中的动态特征，进而提高对故障的敏感度。

为了直观地展示本章方法的监控性能，给出算法对于不同故障类的监控图，以故障 5 和故障 10 为例。作为阶跃型故障，故障 5 指的是冷凝器冷却水入口温度发生的干扰，当故障 5 出现时，表明冷凝器的温度突然发生变化，那么该故障的发生直接反映在第 1 个变量的表示上，如图 4.10 所示。图 4.10（a）中的曲线是训练集中正常过程和故障 5 的变量表示，图 4.10（b）显示了测试集上的故障表示，可以看出该故障通过模式匹配很容易识别出。检测出这一故障后，通过闭环控制回路的控制能力将异常变化补偿到稳定状态。在这种情况下，故障 5 通常不能被有效地检测，但本章方法可以通过其出色的表示学习能力来检测“异常或错误”的变化，如图 4.11 所示，随机选取一个故障样本与正常样本进行比较，更能直观地看出故障与正常状态之间的差异。

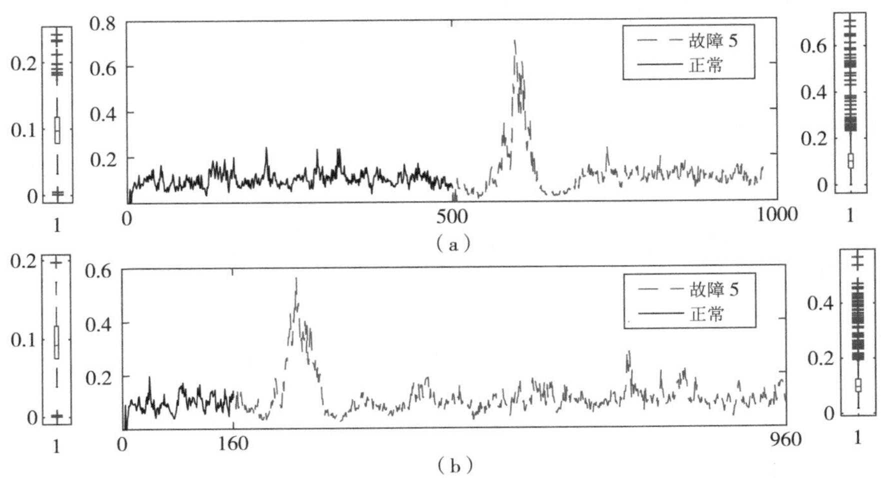

图 4.10　TE 过程中故障 5 的检测结果

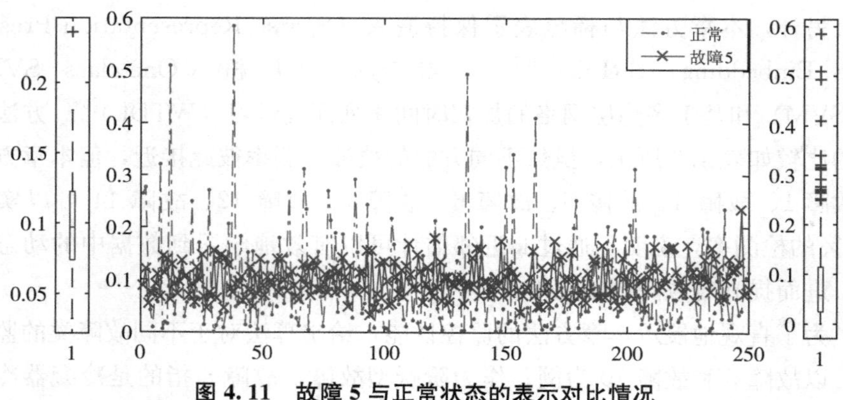

图 4.11　故障 5 与正常状态的表示对比情况

故障 10 的监测结果如图 4.12 所示。显然，测试集中学习的表示可以很好地吻合训练集中的特征，因此可以沿第 20 个变量的表示直接识别出该故障为随机变化型。进一步，故障 10 样本的表示和正常样本的表示之间比较如图 4.13 所示，这一可视化的对比更凸显了本章方法在过程监控中的有效性和优越性。

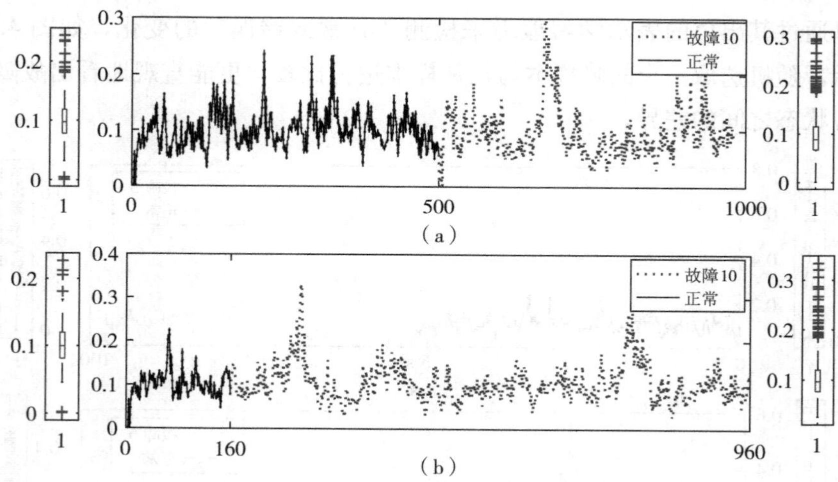

图 4.12　TE 过程中故障 10 的检测结果

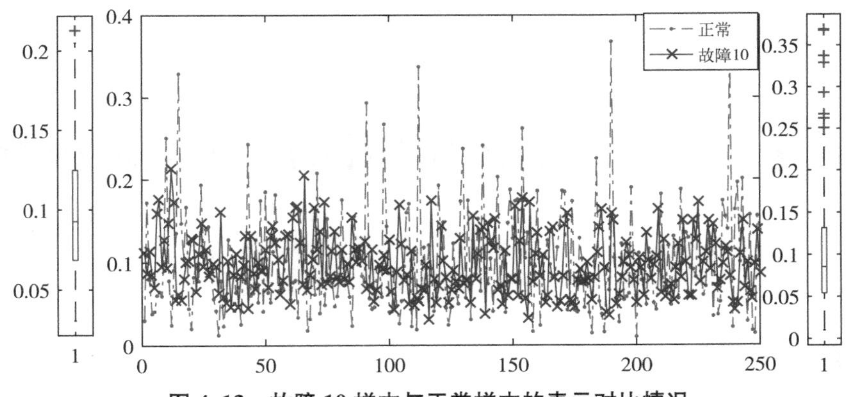

图 4.13　故障 10 样本与正常样本的表示对比情况

4.6　本章小结

本章从多项式的泰勒级数展开研究自编码网络的表示机制，指出多层泰勒网络可以有效逼近光滑的 Sigmoid 函数，同时泰勒展开的高阶无穷小项 $o(x^n)$ 是对数据中微小变化的抽象表示，以此给出了基于栈式自编码网络的表示学习算法在微小故障诊断应用中的理论指导。为了进一步研究多变量系统的动态特征，本章基于当前样本点邻域内的前 k 个最近邻居来调整其“时间一空间”拓扑结构，进行平滑去噪，估计当前数据点；并通过改进的指数加权平均算法保持时间序列的记忆力，最后利用栈式自编码网络进行多重的非线性映射，学习数据中隐含的高阶相关性关系，期望在过程监控中获取能反应数据细节性变化的特征表示。经推导证明了动态估计后的样本点不仅可以保持原始数据的可分离性，而且增大了类别之间的可区分距离。

数值仿真说明了多隐层泰勒网络对于自编码网络的逼近表示能力；TE 过程上的实验不仅说明了动态表示学习的有效性，而且验证了本章算法的故障检测性能，特别是对于微小故障具有良好的敏感性。但是利用分类器实现故障的检测与辨识不利于对栈式自编码网络提取的特征进行统计分析，忽略了过程运行的可视化，那么如何结合多元统计分析技术度量栈式自编码网络提取的特征，监控工业过程的运行是否处于“统计控制状态”以内，有待进一步研究。

第五章　基于高阶相关性的多级故障诊断

5.1　引言

故障检测的目的是监控工业过程的性能是否始终处于“统计控制状态”以内。目前，传统的多元统计分析技术在过程控制领域已经取得了巨大的成功，但是对高阶统计量的在线估计复杂度较高，传统多元统计分析技术仍然存在难以利用高阶信息的不足[121-122]。虽然文献［123］提出了一种高阶累积量分析（Higher-order Cumulants Analysis，HCA）算法，使用高阶统计量进行多变量过程的状态监测，但在应用中对具有更高阶（＞4）累积量的估计仍然是不准确的。笔者在第四章的研究中指出微小故障的细节和变化在很大程度上就反映在高阶相关性关系中，这就导致现有基于多元统计分析的研究在对微小故障的检测很难有所突破。

基于深度学习的过程控制方法大多数是通过模式匹配进行分类识别[65]，包括前 3 章的研究，虽然在检测效果上取得了很大的提升，且避开了统计阈值的选取对性能的折中，但是并没有对提出的特征，抑或是学习到的表示模式进行统计意义上的分析，只能归属于应用上的突破。如果能从统计分析的角度探讨多隐层网络学习到的特征，将能够更为直观地可视化监控过程运行的状态，这也是传统的多元统计分析技术在故障诊断中取得巨大成功的关键所在。

前面的研究中已经指出栈式自编码网络学习到的特征是数据的高阶相关性，尽管高阶统计量已被验证可用于解决非高斯性和非线性问题[124]，但如何对于栈式自编码网络在过程监测中得到的高阶量进行度量，尚未有具体的统计指标。因此，本章旨在结合统计分析技术研究基于栈式自编码网络的特征表示，针对性地提出一些高阶相关性度量。Pierre Baldi 等在参考文献［125］中指出，当自编码器的隐层使用线性的二次误差函数时，可等价于主成分分析算法。但非线性激活函数下的自编码器并不等同于主成分分析[126]。那么对于栈式自编码网络学习到的分层特征能否采用类似于基于主成分分析算法的故障诊断中的统计量进行度量，甚至如何设计更为敏感的统计指标，是本章研究的主要内容。基于以上分析，本章的主要贡献如下：

- 提出了一种基于高阶相关性的多变量统计过程监测（Higher-order Correlation Based Multivariate Statistical Process Monitoring，HC-MSPM）方法，该方法结合栈式稀疏自编码网络的多隐层结构实现故障的逐级诊断。
- 栈式自编码网络以非线性组合的形式表示学习数据中的相关性特征：网络堆叠的隐层数越多，线性/非线性组合的次数越多，特征表示的阶数越高，细节信息越明显。
- 针对栈式自编码网络提取的高阶相关性，提出 3 个度量指标：SRE、M^2 和 C；分层次监控过程是否保持在控制范围内，同时这些度量的变化图能反应故障的演变轨迹，指导故障类型的识别。
- 训练过程只使用正常的历史数据进行建模，可以避免不同类别之间的数据不均衡的问题。

5.2 基于栈式自编码网络的高阶相关性特征提取

稀疏自编码网络通过彼此堆叠，以前一层的输出作为后一层的输入，再以非线性函数，如 Sigmoid 函数，进行激活，以此构建多隐层神经网络——栈式稀疏自编码网络，如图 5.1 所示。鉴于此，深度网络可以被视为是稀疏编码过程，期望获取可以表征原始输入的唯一且稳定的编码形式。

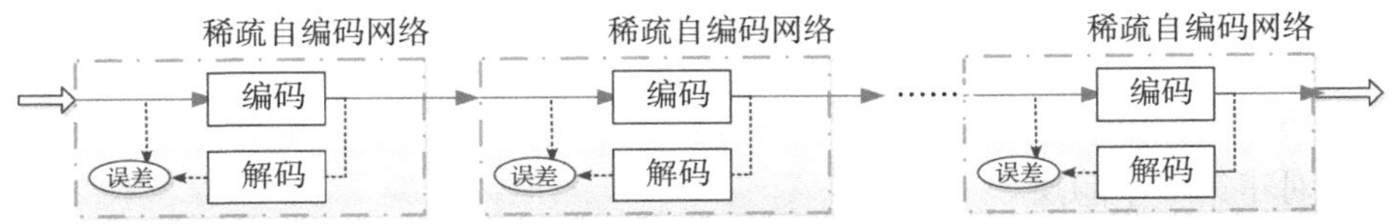

图 5.1 栈式自编码网络的级联架构

定义具有 l 个隐层的栈式稀疏自编码网络的隐层节点分别为 $\boldsymbol{Y}_1 \in \mathbf{R}^{s_1 \times 1}$，$\boldsymbol{Y}_2 \in \mathbf{R}^{s_2 \times 1}$，…，$\boldsymbol{Y}_n \in \mathbf{R}^{s_n \times 1}$，相应的隐层输出分别为 $\boldsymbol{H}_1 \in \mathbf{R}^{s_1 \times 1}$，$\boldsymbol{H}_2 \in \mathbf{R}^{s_2 \times 1}$，…，$\boldsymbol{H}_n \in \mathbf{R}^{s_n \times 1}$。其中，$s_p$ 是第 p 层的单元数，$p \in [1, l]$，则在

输入层 $\boldsymbol{X}=[x_1, x_2, \cdots, x_d]^{\mathrm{T}} \in \mathbf{R}^{d\times 1}$ 中，对于第 1 个隐层，

$$\begin{aligned}\boldsymbol{Y}_1 &= [y_{11}(X), y_{12}(X), \cdots, y_{1h_1}(X)] \in \mathbf{R}^{s_1\times 1}\\ &= [\sum_{i\in[1,d]} w_{i1}^{(1)} x_i, \sum_{i\in[1,d]} w_{i2}^{(1)} x_i, \cdots, \sum_{i\in[1,d]} w_{ih_1}^{(1)} x_i],\end{aligned} \tag{5.1}$$

$$\begin{aligned}\boldsymbol{H}_1 &= [h_{11}(X), h_{12}(X), \cdots, h_{1h_1}(X)] \in \mathbf{R}^{s_1\times 1}\\ &= [f(y_{11}(X)), f(y_{12}(X)), \cdots, f(y_{1h_1}(X))]\\ &= [f(\sum_{i\in[1,d]} w_{i1}^{(1)} x_i), f(\sum_{i\in[1,d]} w_{i2}^{(1)} x_i), \cdots, f(\sum_{i\in[1,d]} w_{ih_1}^{(1)} x_i)],\end{aligned} \tag{5.2}$$

对于第 2 个隐层，

$$\begin{aligned}\boldsymbol{Y}_2 &= [y_{21}(X), y_{22}(X), \cdots, y_{2h_2}(X)] \in \mathbf{R}^{s_2\times 1}\\ &= [\sum_{j\in[1,h_1]} w_{j1}^{(2)} h_{1j}(X), \sum_{j\in[1,h_1]} w_{j2}^{(2)} h_{1j}(X), \cdots, \sum_{j\in[1,h_1]} w_{jh_2}^{(2)} h_{1j}(X)]\\ &= [\sum_{j\in[1,h_1]} w_{j1}^{(2)} f(\sum_{i\in[1,d]} w_{i1}^{(1)} x_i), \sum_{j\in[1,h_1]} w_{j2}^{(2)} f(\sum_{i\in[1,d]} w_{i2}^{(1)} x_i), \cdots, \sum_{j\in[1,h_1]} w_{jh_2}^{(2)} f(\sum_{i\in[1,d]} w_{ih_1}^{(1)} x_i)]\\ &= [f(\sum_{j\in[1,h_1]} w_{j1}^{(2)} \sum_{i\in[1,d]} w_{i1}^{(1)} x_i), f(\sum_{j\in[1,h_1]} w_{j2}^{(2)} \sum_{i\in[1,d]} w_{i2}^{(1)} x_i), \cdots, f(\sum_{j\in[1,h_1]} w_{jh_2}^{(2)} \sum_{i\in[1,d]} w_{ih_1}^{(1)} x_i)]\\ &= [f(\sum_{j\in[1,h_1]}\sum_{i\in[1,d]} w_{j1}^{(2)} w_{ij}^{(1)} x_i), f(\sum_{j\in[1,h_1]}\sum_{i\in[1,d]} w_{j2}^{(2)} w_{ij}^{(1)} x_i), \cdots, f(\sum_{j\in[1,h_1]}\sum_{i\in[1,d]} w_{jh_2}^{(2)} w_{ij}^{(1)} x_i)],\end{aligned} \tag{5.3}$$

$$\begin{aligned}\boldsymbol{H}_2 &= [h_{21}(X), h_{22}(X), \cdots, h_{2h_2}(X)] \in \mathbf{R}^{s_2\times 1}\\ &= [f(y_{21}(X)), f(y_{22}(X)), \cdots, f(y_{2h_2}(X))]\\ &= [f(f(\sum_{j\in[1,h_1]}\sum_{i\in[1,d]} w_{j1}^{(2)} w_{ij}^{(1)} x_i)), f(f(\sum_{j\in[1,h_1]}\sum_{i\in[1,d]} w_{j2}^{(2)} w_{ij}^{(1)} x_i)), \cdots,\\ &\qquad f(f(\sum_{j\in[1,h_1]}\sum_{i\in[1,d]} w_{jh_2}^{(2)} w_{ij}^{(1)} x_i))]\\ &= [f^{(2)}(\sum_{j\in[1,h_1]}\sum_{i\in[1,d]} w_{j1}^{(2)} w_{ij}^{(1)} x_i), f^{(2)}(\sum_{j\in[1,h_1]}\sum_{i\in[1,d]} w_{j2}^{(2)} w_{ij}^{(1)} x_i), \cdots,\\ &\qquad f^{(2)}(\sum_{j\in[1,h_1]}\sum_{i\in[1,d]} w_{jh_2}^{(2)} w_{ij}^{(1)} x_i)],\end{aligned} \tag{5.4}$$

…

对于第 l 个隐层，

$$\begin{aligned}\boldsymbol{Y}_l &= [y_{l1}(X), y_{l2}(X), \cdots, y_{lh_l}(X)] \in \mathbf{R}^{s_l \times 1} \\ &= \Big[\sum_{k\in[1,h_{(l-1)}]} w_{k1}^{(l)} h_{(l-1)k}(X), \sum_{k\in[1,h_{(l-1)}]} w_{k2}^{(l)} h_{(l-1)k}(X), \cdots, \sum_{k\in[1,h_{(l-1)}]} w_{kh_l}^{(l)} h_{(l-1)k}(X)\Big] \\ &= \Big[\sum_{k\in[1,h_{(l-1)}]} w_{k1}^{(l)} f^{(l-1)}\Big(\sum_{l\in[1,h_{(l-2)}]} \cdots \sum_{j\in[1,h_1]}\sum_{i\in[1,n]} w_{l1}^{(l-1)} \cdots w_{j1}^{(2)} w_{i1}^{(1)} x_i\Big), \\ &\quad \sum_{k\in[1,h_{(l-1)}]} w_{k2}^{(l)} f^{(l-1)}\Big(\sum_{l\in[1,h_{(l-2)}]} \cdots \sum_{j\in[1,h_1]}\sum_{i\in[1,n]} w_{l2}^{(l-1)} \cdots w_{j2}^{(2)} w_{i2}^{(1)} x_i\Big), \cdots, \\ &\quad \sum_{k\in[1,h_{(l-1)}]} w_{kh_2}^{(l)} f^{(l-1)}\Big(\sum_{l\in[1,h_{(l-2)}]} \cdots \sum_{j\in[1,h_1]}\sum_{i\in[1,n]} w_{lh_m}^{(l-1)} \cdots w_{jh_2}^{(2)} w_{ih}^{(1)} x_i\Big)\Big], \end{aligned} \tag{5.5}$$

$$\begin{aligned}\boldsymbol{H}_l &= [h_{l1}(X), h_{l2}(X), \cdots, h_{lh_l}(X)] \in \mathbf{R}^{s_l \times 1} \\ &= \Big[f^{(l)}\Big(\sum_{k\in[1,h_{(n-1)}]} \cdots \sum_{j\in[1,h_1]}\sum_{i\in[1,n]} w_{k1}^{(l)} \cdots w_{j1}^{(2)} w_{i1}^{(1)} x_i\Big), \\ &\quad f^{(l)}\Big(\sum_{k\in[1,h_{(n-1)}]} \cdots \sum_{j\in[1,h_1]}\sum_{i\in[1,n]} w_{k2}^{(l)} \cdots w_{j2}^{(2)} w_{i2}^{(1)} x_i\Big), \cdots, \\ &\quad f^{(l)}\Big(\sum_{k\in[1,h_{(l-1)}]} \cdots \sum_{j\in[1,h_1]}\sum_{i\in[1,n]} w_{kh_l}^{(l)} \cdots w_{jh_2}^{(2)} w_{ih_1}^{(1)} x_i\Big)\Big]。 \end{aligned} \tag{5.6}$$

直观地看，$\boldsymbol{H}_p$ 既是第 p 个自编码层输入的重建，又是第 $p+1$ 个自编码层的输入，更是第 $p-1$ 个隐层上特征的组合。因此，当激活函数选择非线性的 Sigmoid 函数时，$\boldsymbol{H}_p$ 是 $\boldsymbol{H}_{p-1}$ 的高一阶的非线性组合。栈式稀疏自编码网络是基于隐空间的特征重组网络，能够分层地进行多层感知，并可被视为有序的多级高阶函数逼近[93]。更准确地说，如果网络的大小与输入数据的内在维度成比例，则可以从特定层的输出恢复网络的输入[127]。上层通过获取下层中各单元之间的相关性关系构建更抽象的表示：阶数越高，非线性越强，可以表征的突变信息就越多。那么显然 $\boldsymbol{H}_l$ 是输入 $\boldsymbol{X}$ 在使用非线性激活函数时的高阶表示。理论上，深层体系结构可以产生输入数据的嵌入，该嵌入近似保持同类点之间的距离，扩大不同类之间的分离[128]。

5.3　自编码网络与主成分分析的关系

具有线性激活函数的自编码网络的性能等同于传统的主成分分析算法。

主成分分析：对于任何矩阵 $\mathbf{A} \in \mathbf{R}^{n\times p}$，

$$\mathbf{A} = \boldsymbol{U}_f \boldsymbol{C}, \tag{5.7}$$

$$\boldsymbol{B} = \boldsymbol{C}^{-1} \boldsymbol{U}'_f \boldsymbol{\Sigma}_{YX} \boldsymbol{\Sigma}_{XX}^{-1}, \tag{5.8}$$

$$\boldsymbol{W}=\boldsymbol{P}_{\boldsymbol{U}_f}\boldsymbol{\Sigma}_{YX}\boldsymbol{\Sigma}_{XX}^{-1}, \tag{5.9}$$

其中，$f=\{i_1, i_2, \cdots, i_p\}$ 是任意阶有序的 p-索引集，$1\leqslant i_1\leqslant i_2\leqslant\cdots\leqslant i_p\leqslant n$，$\boldsymbol{U}_f=[\boldsymbol{u}_{i_1}, \cdots, \boldsymbol{u}_{i_p}]$ 是由特征值为 $\lambda_{i_1}, \lambda_{i_2}, \cdots, \lambda_{i_p}$ 的协方差矩阵 $\boldsymbol{\Sigma}=\boldsymbol{\Sigma}_{YX}\boldsymbol{\Sigma}_{XX}^{-1}\boldsymbol{\Sigma}_{XY}$ 的正交特征向量形成的矩阵。

如果协方差矩阵 $\boldsymbol{\Sigma}_{XX}$ 是可逆的，当 $\boldsymbol{B}=(\boldsymbol{A}^{\mathrm{T}}\boldsymbol{A})^{-1}\boldsymbol{\Sigma}_{YX}\boldsymbol{\Sigma}_{XX}^{-1}$ 时，$\boldsymbol{E}=\sum_t\|\boldsymbol{y}_t-\boldsymbol{AB}\boldsymbol{x}_t\|^2$ 是严格凸的。如果 $\boldsymbol{C}\in\mathbf{R}^{p\times p}$ 是单位矩阵 $\boldsymbol{I}_p$，那么 $\boldsymbol{u}_1{}'\hat{\boldsymbol{y}}_t, \cdots, \boldsymbol{u}_p{}'\hat{\boldsymbol{y}}_t$ 的激活值是 $\hat{\boldsymbol{y}}_t$ 的主成分向量[129]。因此，主成分分析可以找到描述数据集中主要趋势的变量组合依赖于协方差矩阵的特征向量分解。

自编码网络：定义输入层与隐层的连接权重为 $\boldsymbol{B}\in\mathbf{R}^{p\times n}$，隐层与输出层的连接权重为 $\boldsymbol{A}\in\mathbf{R}^{n\times p}$，则

$$\boldsymbol{A}=\boldsymbol{U}_f\boldsymbol{C}, \tag{5.10}$$

$$\boldsymbol{B}=\boldsymbol{C}^{-1}\boldsymbol{U}'_f, \tag{5.11}$$

$$\boldsymbol{W}=\boldsymbol{P}_{\boldsymbol{U}_f}, \tag{5.12}$$

其中，$\boldsymbol{\Sigma}=\boldsymbol{\Sigma}_{XX}$，$\boldsymbol{W}$ 是协方差矩阵 $\boldsymbol{\Sigma}_{XX}$ 的前 p 个特征向量生成空间上的正交投影。

由自编码网络获得的二次型误差函数是 $\boldsymbol{E}=\sum_t\|\boldsymbol{y}_t-\boldsymbol{AB}\boldsymbol{x}_t\|^2$。如果 $\boldsymbol{C}\in\mathbf{R}^{p\times p}$ 是单位矩阵 $\boldsymbol{I}_p$，那么 $\boldsymbol{u}_1{}'\hat{\boldsymbol{y}}_t, \cdots, \boldsymbol{u}_p{}'\hat{\boldsymbol{y}}_t$ 的激活值是 $\boldsymbol{x}_t$ 协方差矩阵 $\boldsymbol{\Sigma}_{XX}$ 的前 p 个特征向量的坐标。因此，自编码网络可以通过变量之间的组合找到相关性的统计指标。

对于一个激活函数为线性的自动编码器，当其重构误差为最小平方误差时，损失函数为：

$$\arg\min_{\boldsymbol{W},\,b}\sum_{i=1}^{n}\|x_i-\boldsymbol{W}^{\mathrm{T}}\boldsymbol{W}x_i\|^2, \tag{5.13}$$

而这也正是主成分分析的优化目标。Baldi 等在参考文献［125］中证明了自编码网络的二次方误差函数具有唯一的最小值，该最小值对应于训练集在协方差矩阵的第一个主成分向量生成的子空间上的投影，所有临界点对应于由其他高阶向量生成的子空间上的投影的鞍。简而言之，当自编码网络的激活函数是线性时，可以用主成分分析对其进行精确的理论描述，因此基于主成分分析的过程监控方法也可以通过单隐层的线性自编码网络来实现。然而，线性系统并不总是适用于具有多模态和非线性的工业过程。对此，参考文献［122］中提出了分层建模以捕获变量之间的相关性。不同于基于主成分

分析和核主成分分析进行变量子空间划分，本章提出的基于自编码网络的分层网络结构可以直接捕获前一层的低阶线性相关性关系。

Japkowicz 等在参考文献［126］中证明非线性自编码网络不等同于线性自编码网络或主成分分析，并指出自动编码器能否取得与主成分分析类似的重构效果，取决于数据集的结构：当数据集是单模态时，自动编码器与主成分分析的效果类似；而当数据集是多模态且数据较为分散时，由于主成分分析只允许线性变换，因此叠加主成分分析是没有意义的。然而，栈式自编码网络能够通过自编码网络的堆叠形成非线性的多隐层神经网络，发现数据的深层结构，根据 Stone-Weierstrass 定理，我们知道如果一个隐层神经网络的节点数足够大，则神经模型可以以任意精度逼近非线性函数，因此自动编码器对于多模态数据可以取得更好的效果。

5.4 过程监控的统计量

多变量统计过程监控由 Hotelling 最初引入[28]，在多数的工业过程中采用传统的多变量控制指标（如 SPE、Hotelling's T^2）检测是否有“异常”事件发生。与主成分分析不同，栈式自编码网络中的映射不是正交投影，使得隐层的表示与输入值没有直接并明确的关系。因此，传统指标不再适用于高阶特征，需要有针对性地提出一些新的监控指标。

5.4.1 基于重建误差的监控指标

由于自编码网络的输出以输入作为期望，从而栈式自编码网络的每一层都具有残差值。那么，定义重建误差平方（Square of Residuals-based Error，SRE）为每个子层中残差向量的平方范数，

$$\begin{aligned} SRE_p &= (\boldsymbol{x}_p - \widetilde{\boldsymbol{x}}_p)(\boldsymbol{x}_p - \widetilde{\boldsymbol{x}}_p)^{\mathrm{T}} \\ &= \|\boldsymbol{x}_p - \widetilde{\boldsymbol{x}}_p\|^2, \ p = 1, 2, \cdots, n_l, \end{aligned} \tag{5.14}$$

其中，$\boldsymbol{x}_p$ 是第 p 个子层的输入，$\widetilde{\boldsymbol{x}}_p$ 是 $\boldsymbol{x}_p$ 基于隐层特征 $\boldsymbol{h}_p$ 的重建，

$$\widetilde{\boldsymbol{y}}_p = f(\boldsymbol{W}_p \cdot \boldsymbol{y}_p + \boldsymbol{b}_p), \tag{5.15}$$

其中，$\boldsymbol{W}_p$ 是隐层单元与第 p 个子层上的重建之间的权重，n_l 是 SSAE 网络的

总的堆叠层数。

主成分分析中定义

$$SPE = \|(\boldsymbol{I}-\boldsymbol{P}\boldsymbol{P}^{\mathrm{T}})\boldsymbol{x}^{\mathrm{T}}\|^2, \tag{5.16}$$

为残差向量的 l_2 平方范数，用于度量 x 与主成分子空间的偏差。类似地，基于残差的监控指标 SRE 可以反映栈式自编码网络中隐空间的投影变化，度量异常状态下过程变量相对于正常过程的偏差。因此，偏差越大，变量的相关性关系变化就越显著。

5.4.2 基于马氏距离的监控指标

由于隐层上的表示为 $\boldsymbol{h}_1 \in \mathbf{R}^{S_1}$，$\boldsymbol{h}_2 \in \mathbf{R}^{S_2}$，…，$\boldsymbol{h}_{n_l} \in \mathbf{R}^{S_{n_l}}$，那么基于马氏距离（Mahalanobis Distance）的平方定义每一个子层上的监控指标 M^2 为，

$$\boldsymbol{M}_p^2 = \boldsymbol{h}_p \boldsymbol{\Sigma}_p^{-1} \boldsymbol{h}_p^{\mathrm{T}},\ p=1,\ 2,\ \cdots,\ n_l, \tag{5.17}$$

其中，$\boldsymbol{\Sigma}_p$ 是训练集在第 p 个隐层上学习到的特征的协方差矩阵。值得一提的是，之所以采用隐层表示的协方差矩阵是因为通过多层的非线性编码，隐层表示的各个分量的尺度（数值范围）并不相同，同时不同分量之间，可能还存在线性相关的关系，而马氏距离既与尺度无关，也可以排除相关性的干扰。此外，中间表示与输入不再具有清晰对应的关系，也使得是原始数据协方差矩阵的特征值不再适用。基于马氏距离的统计量 $\boldsymbol{M}^2$ 指定了正常状态的区域是一个椭圆结构。

主成分分析中统计量

$$\boldsymbol{T}^2 = \boldsymbol{x}^{\mathrm{T}}\boldsymbol{P}\boldsymbol{\Lambda}^{-1}\boldsymbol{P}^{\mathrm{T}}\boldsymbol{x}, \tag{5.18}$$

反映输入样本与原始点在主空间上的距离。类似地，$\boldsymbol{M}^2$ 反映的是当前样本与原点在栈式稀疏自编码网络中隐层空间上的距离，同时度量了故障样本相对于正常过程在隐空间上的偏差。此外，马氏距离与数据维数无关，不受变量相关性的干扰。

5.4.3 基于切比雪夫距离的监控指标

考虑到经过非线性编码以后，隐层上特征表示的分布可能并不一定服从高斯分布，甚至可能是不规则的形状，而衡量数据分布最好的方式是概率密度函数，但是多维核密度估计受核的方向影响很大，因此，基于切比雪夫距离（Chebyshev Distance）定义每个子层上的样本密度，即 C 指标为：

$$\begin{aligned} C_p &= Dis_{chebyshev}(h_p, h_{p,knn}) \\ &= \max(|h_{pi} - h_{qi}|), \ i \in s_p; \ p, q = 1, 2, \cdots, n_l, \end{aligned} \tag{5.19}$$

其中，$h_{p,knn}$ 是 h_p 在正常训练集上的第 k 个近邻。切比雪夫距离则只考虑距离最远的分量，可以避免距离较远的分量被低估。C_p 度量当前样本与其第 k 个近邻在每个子层中的距离，$\frac{C_p}{k}$ 是样本密度，替代概率密度。显然，C_p 越大，样本附近越稀疏。

5.4.4 控制上限

对于给定的显著性水平 α，控制上限（Upper Control Limit，UCL）可以通过核密度估计（Kernel Density Estimation，KDE）方法[130-131] 计算。如果随机变量 X 具有密度 $f(x)$，那么

$$f(x) = \lim_{h \to 0} \frac{1}{2h} P(x - h < X < x + h), \tag{5.20}$$

其中，h 是窗口宽度，也称为平滑参数。那么概率密度 $\hat{f}(x)$ 如下，

$$\hat{f}(x) = \frac{1}{nh} \sum_{i=1}^{n} K\left(\frac{x - X_i}{h}\right), \tag{5.21}$$

其中，

$$\int_{-\infty}^{\infty} K(x) \mathrm{d}x = 1 \ 。$$

故障检测基于以下规则进行：

（1）单指标检测

(a) $SRE_{\text{test}} \leqslant SRE_{UCL} \Rightarrow$ 无故障，否则有故障；

(b) $M_{test}^2 \leqslant M_{UCL}^2 \Rightarrow$ 无故障，否则有故障；

(c) $C_{\text{test}} \leqslant C_{UCL} \Rightarrow$ 无故障，否则有故障；

(2) 多指标检测

$SRE_{\text{test}} \leqslant SRE_{UCL}$，$M_{\text{test}}^2 \leqslant M_{UCL}^2$ 且 $C_{\text{test}} \leqslant C_{UCL} \Rightarrow$ 无故障，否则有故障或检测不确定，需进一步检测。

以上统计指标的几何意义如图 5.2 所示。尽管多指标会增加故障检测的复杂性，但不同指标的监控范围不同，多指标可以实现性能互补。在隐空间中，C 是样本的邻域密度，但它对微小故障的检测能力有限。由于隐层特征是输入的近似映射，M^2 包含了正常过程中的大部分变量变化，那么其控制上限相对于 SRE 较大，即 M^2 适用于检测显著故障。SRE 是对残差在剩余子空间的度量，可以反映隐空间中不能检测的数据变化。

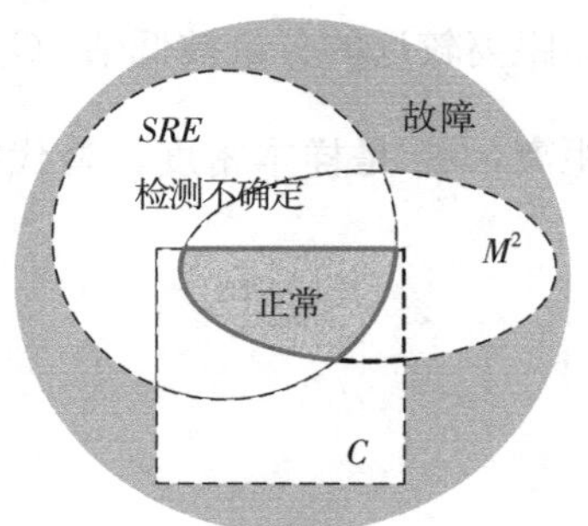

图 5.2　故障检测指标的几何意义

5.5　基于高阶相关性的多级故障诊断

基于高阶相关性的多变量统计过程监控算法包括特征提取和在线监控 2 个部分。首先，变量之间的相关性关系可以由训练好的栈式自编码网络进行学习，提取出合适的相关性特征 h_p 及其重建后的表示 $\tilde{y}_p$；其次，数据集隐含的非线性信息通过定义的监控指标被逐级表示并分层统计。在线监测阶段将新观测样本投影到训练好的高阶映射空间中，通过衡量映射后的监控量是否在训练所得的“控制中”判断故障的发生与否。该算法的框架图如图 5.3 所示，逐级检测的步骤如下：

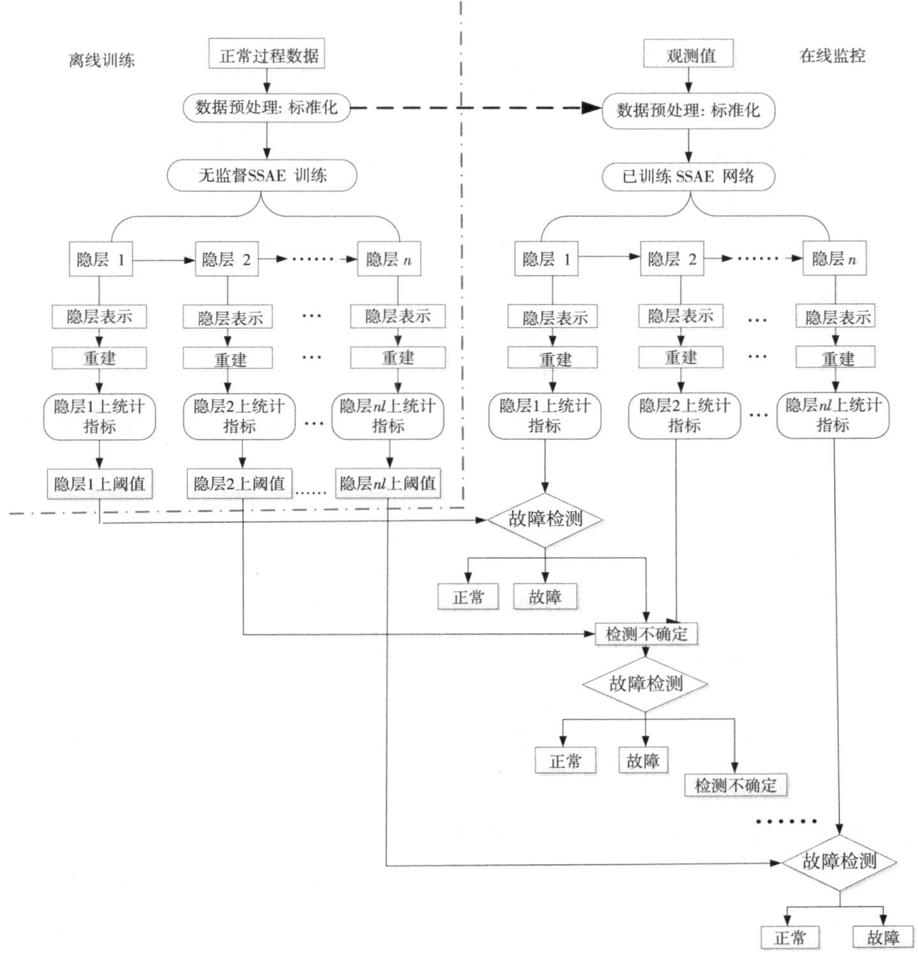

图 5.3　基于高阶相关性的多级故障诊断框架

（1）离线训练阶段

ⅰ）数据预处理：对于给定的训练集 X_{train}，进行标准化预处理得到

$$\hat{X}_{train}=\frac{X_{train}-\mathrm{mean}(X_{train})}{std(X_{train})};$$

ⅱ）参数初始化：根据经验设置栈式稀疏自编码网络的初始化结构参数，同时随机初始化其连接参数；

ⅲ）无监督训练：利用正常过程下的未标记历史样本采用逐层贪婪的方法训练网络参数，包括网络的结构参数和权重；

ⅳ）特征表示与重建表示：对于所有的训练样本，计算其隐层输出的特

征表示 H_p，以及输出层的重建表示 $\widetilde{X}_p$；

v）监控指标的计算：分别根据式（5.7）—式（5.9）计算每一层的监控统计量 SRE_p，M_p^2 和 C_p，$p=1$，2，…，l；

vi）在给定置信水平 α 下计算控制上限 SRE_{UCL}，M_{UCL}^2 和 C_{UCL}。

（2）在线监控阶段

i）数据预处理：对于测试样本 X_{test}，利用训练集的均值和方差进行预处理得到

$$\hat{X}_{test}=\frac{X_{test}-\mathrm{mean}(X_{train})}{std(X_{train})}。$$

ii）无监督特征学习：基于训练好的栈式自编码网络进行表示学习，得到高阶相关性特征 H_{test} 及重建表示 $\widetilde{X}test$。

iii）对于测试样本，计算其监控统计量 SRE_{test}、M_{text}^2 和 C_{text}。

iv）决策：如果该过程在“控制中”，则监控指标的值应低于其控制上限；如果指标的值高于其控制上限，则说明运行过程出现了异常情况；对于检测不确定性的情况，应进一步统计其在更深一层上的监测指标并再次辨识。

注：基于栈式稀疏自编码网络的多变量统计过程监控算法在离线建模训练阶段仅使用正常的历史数据，可有效缩短训练时间，降低训练成本，并且还可以避免不同类别之间的数据不均衡问题。

最优表示就是量化后“最有用”的表示，网络堆叠的层数越多，可以表征的非线性和抽象特征就越多，本章中采用 3 个隐层的堆叠结构就得到了相对良好的性能。对于更复杂的工业过程，可以通过增加网络结构获取更高级的相关性和更高阶的统计量。通常情况下，网络结构是根据工业过程的复杂性来设置，进而合理地确定所需相关性的阶数。一般而言，3 阶、4 阶的统计量已经足以解决 TE 过程中的非线性和非高斯问题。

5.6 实验验证与分析

本节分别在 TE 过程和金属蚀刻过程（Metal Etch Process，MEP）进行实验，以验证本章基于高阶相关性的多级故障诊断方法的性能。

5.6.1　TE 过程上的统计量分析

首先，在训练集上测试提出的监控统计量 SRE_p、M^2 和 C_p 的合理性。正常状态是一个稳态过程，统计图如图 5.4 所示，3 个指标均呈现平稳的变化，从不同的角度对故障模式进行度量。

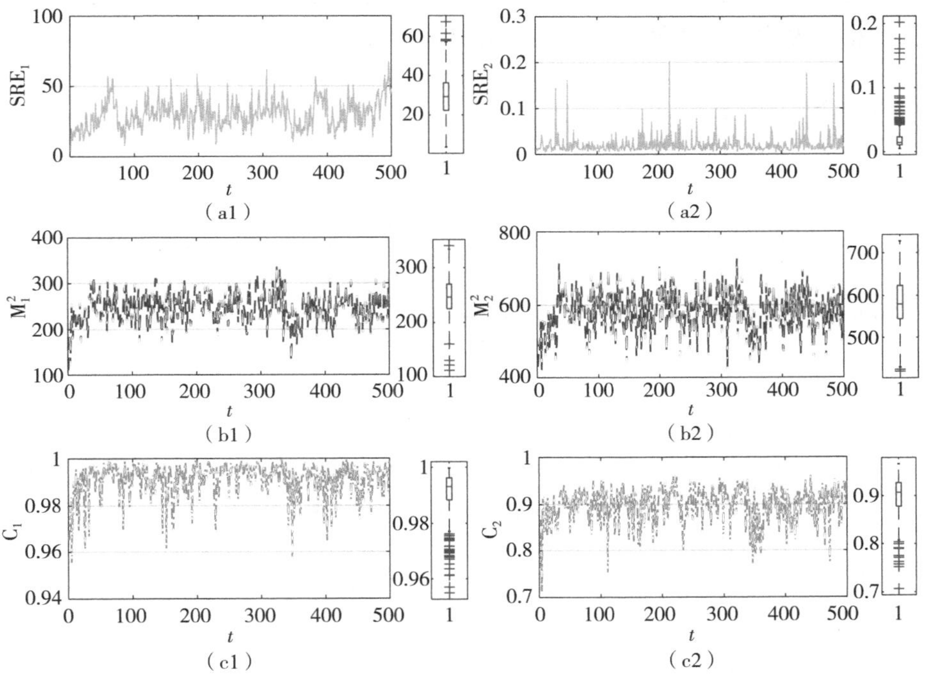

图 5.4　训练集上的统计量监控示例

ⅰ）SRE 是对残差的度量：隐层越深，SRE 值越小，SRE_2 的数值量级小于 SRE_1。这是因为随着堆叠层数的增加，SRE 统计量反映的是更细节性的变化。

ⅱ）M^2 是对距离的度量：隐层越深，变量之间的相关性重组的次数就越多，其隐层特征之间的区别性就越大，M^2 值也就越大，显然，M^2 大于 M^2。

ⅲ）$\frac{C}{k}$用做样本概率密度时提到，当 k 选定时，切比雪夫距离属于 [0, 1]。因此，层数较深时，C 的范围变化较小，但 C_2 与 C_1 的量级一致，如图

5.4（c1）、图 5.4（c2）所示。

进而，在测试集上验证提出的监控指标 SRE_p、M^2 和 C_p 的有效性。

ⅰ）SPE 和 SRE：图 5.5 是故障 8 的 SPE 和 SRE 指标。当故障发生时，统计量 SRE 和 SPE 均不再是平稳变化。故障点的值更高，更易与正常情况区分。相比较而言，SRE_1 和 SPE 更接近也更相似，均可以在较大的量级上反映出明显的变化。而随着重建误差量级的降低，SRE_2 基于相对微小的变化检测故障发生与否。此外，从图 5.5 中监测值随时间的变化趋势可以大致推断发生的故障属于随机类型的概率较大。

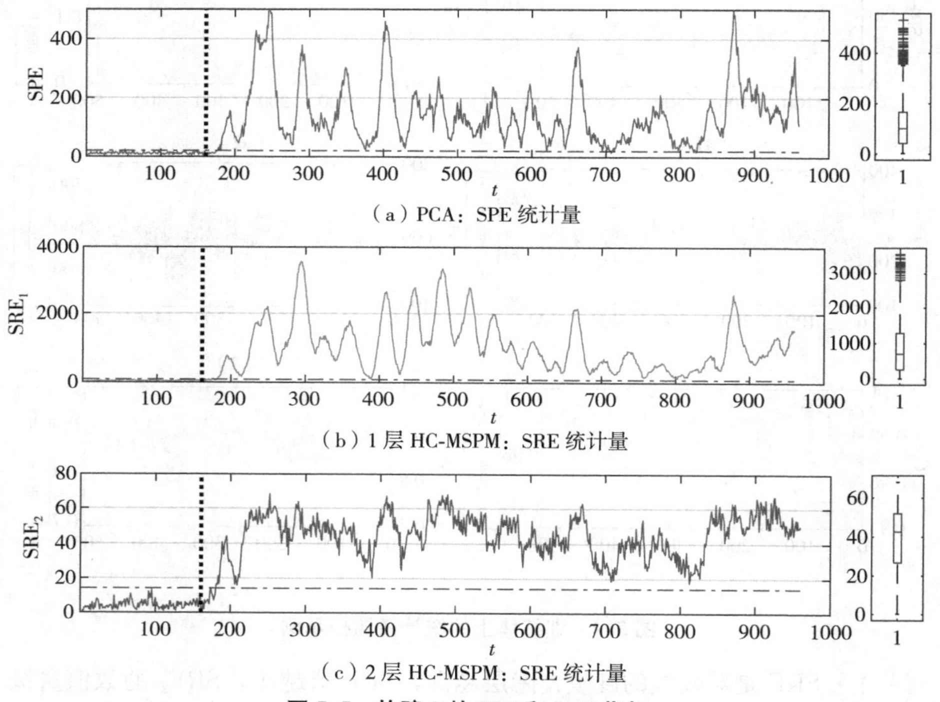

（a）PCA：SPE 统计量

（b）1 层 HC-MSPM：SRE 统计量

（c）2 层 HC-MSPM：SRE 统计量

图 5.5　故障 8 的 SPE 和 SRE 指标

ⅱ）T^2 和 M^2：图 5.6 是故障 1 的 T^2 和 M^2 指标。当故障发生时，T^2 和 M^2 呈现阶跃型的变化，据此可以推断这个故障极有可能属于此类型。对比发现，T^2 和 M^2 更相似，但 M^2 取值范围更广。值得注意的是，故障的 M^2 监测值小于正常过程，也就是说，由核密度估计方法得到的阈值 M^2_{UCL} 不再适用于检测，但 M^2 的变化趋势对于辨识故障是否发生仍然有指导意义。

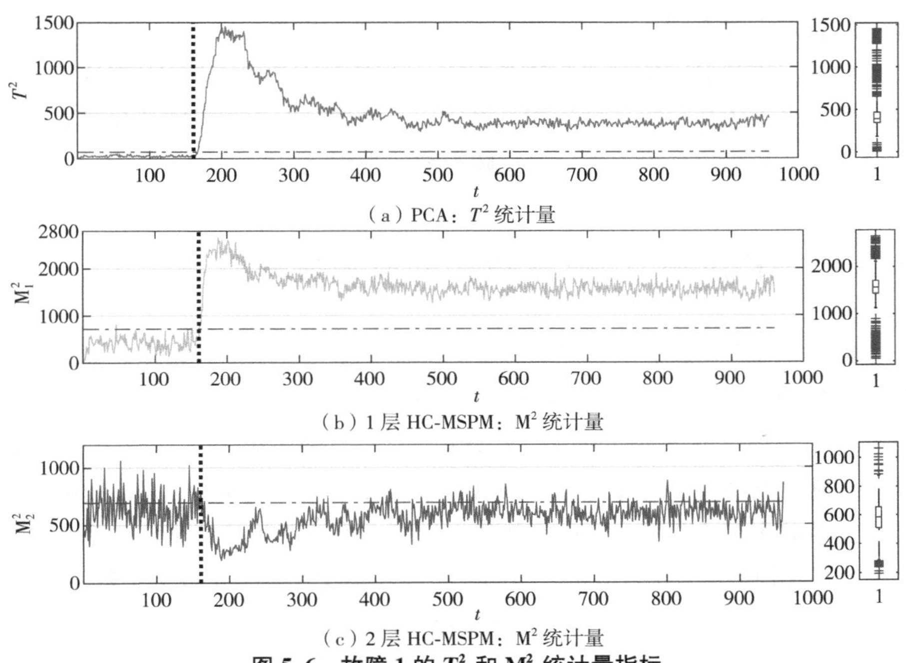

（a）PCA：T^2 统计量

（b）1 层 HC-MSPM：M^2 统计量

（c）2 层 HC-MSPM：M^2 统计量

图 5.6　故障 1 的 T^2 和 M^2 统计量指标

ⅲ）C：图 5.7 是故障 17 的 C 指标。与正常过程相比，每一层的指标 C

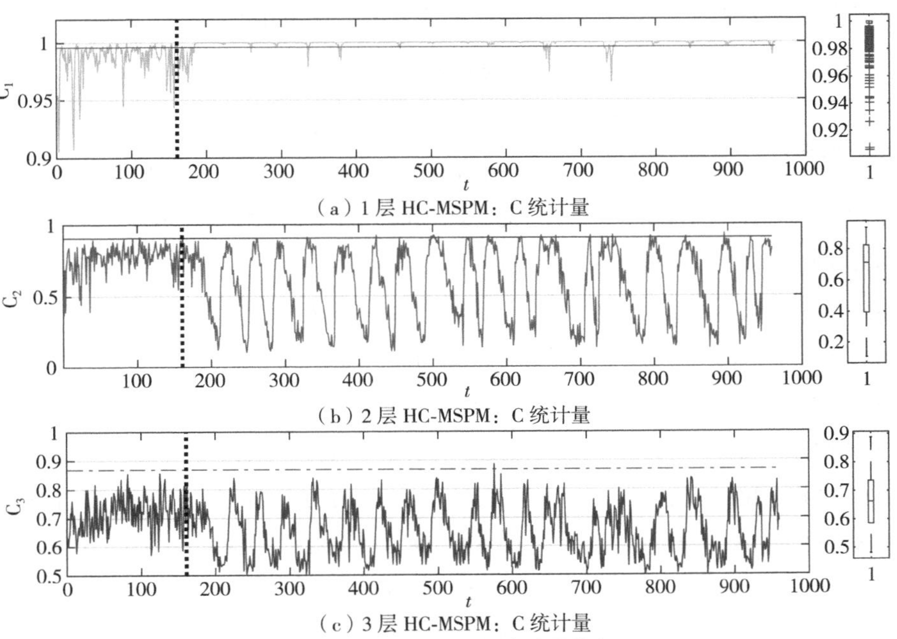

（a）1 层 HC-MSPM：C 统计量

（b）2 层 HC-MSPM：C 统计量

（c）3 层 HC-MSPM：C 统计量

图 5.7　故障 17 的 C 统计量指标

显示的故障模式不同。C_1 明显可以检测到故障的发生，同时 C_2、C_3 与正常过程的差异更明显。值得注意的是，C_2、C_3 指标比较大，第 2、第 3 隐层上的监测值低于正常过程，导致其不再适用于检测，但是它们的变化模式不仅有助于确认故障的发生，而且对故障类型的识别也有指导。

5.6.2 TE 过程与 ME 过程上的故障检测结果

首先，在 TE 过程上与传统的多变量统计过程监控方法相比，如主成分分析（PCA）[107] 法、独立成分分析（ICA）[37] 法、高阶累积量分析（HCA）[123] 法、偏最小二乘法（PLS）[47]、子空间辅助方法（SAP）[113] 和基于多隐层网络的动态重建方法（见第四章，简记为 DRL）等，故障检测结果汇总如表 5.1 所示。其中粗体值表示每一类故障类别的最高检测率。事实上，这几种多变量统计分析方法的检测性能均受选取的主成分个数的影响，但对比可见，本章方法总能获得最优的结果。特别是对于微小故障 3、故障 9、故障 15、故障 19 和 2 故障 1，其性能优势更明显。进一步分析可见，本章方法对所有故障类型的检测率都很高，算法性能不受故障类型的约束。无故障情况下的误警率统计如图 5.8 所示，本章方法的误警率亦在可接受范围之内。

表 5.1　TE 过程的故障检测率汇总

故障编号	PCA			ICA	PLS	SAP	DRL	HC-MSPM	
	9 pcs	17 pcs	27 pcs	17 pcs	29 pcs	16 pcs		1 层	2 层
IDV (1)	99.88	100	100	99.88	100	99.63	100	100	100
IDV (2)	98.75	99.38	99.88	98.75	98.88	98.5	100	99.87	100
IDV (3)	12.88	10.25	63.75	5	11.75	3.13	90.87	97.23	91.75
IDV (4)	100	100	100	100	100	99.63	100	100	100
IDV (5)	33.63	34.75	81	100	100	100	93.25	100	93.63
IDV (6)	100	100	100	100	100	100	100	100	100
IDV (7)	100	100	100	100	100	100	100	100	100
IDV (8)	98	98.63	99.62	97.88	98.5	98.13	100	98.49	100
IDV (9)	8.38	9.88	62.12	4.88	8.38	2.38	88.5	98.99	90.75
IDV (10)	60.5	71	91.25	89	82.63	95.75	95.37	98.24	95.63

续表

故障编号	PCA			ICA	PLS	SAP	DRL	HC-MSPM	
	9 pcs	17 pcs	27 pcs	17 pcs	29 pcs	16 pcs		1 层	2 层
IDV（11）	78.88	83	94.63	79.75	83.38	83.88	95.47	99.12	99.12
IDV（12）	99.13	99	99.88	99.88	99.88	99.88	100	100	100
IDV（13）	95.38	95.75	97.62	95.38	95.38	96.13	99.75	98.47	99.75
IDV（14）	100	100	100	100	100	97.75	100	100	100
IDV（15）	14.13	17.25	64	10.25	22	15.38	85.12	97.86	85.37
IDV（16）	55.25	65.75	91	92.25	94.75	97.75	96.50	99.12	97.25
IDV（17）	95.25	96.88	99.12	96.88	97	97.25	99.38	99.5	99.38
IDV（18）	90.5	91.13	97.62	90.5	91	91	99.25	99.62	99.45
IDV（19）	41.13	47.38	89.62	93.13	95	88.63	93.87	93.83	94.13
IDV（20）	63.38	71.5	91.75	90.88	91.38	86.63	96.60	99.87	96.88
IDV（21）	52.13	58.13	84.88	55.63	64.87	39.75	90.25	84.01	91.13

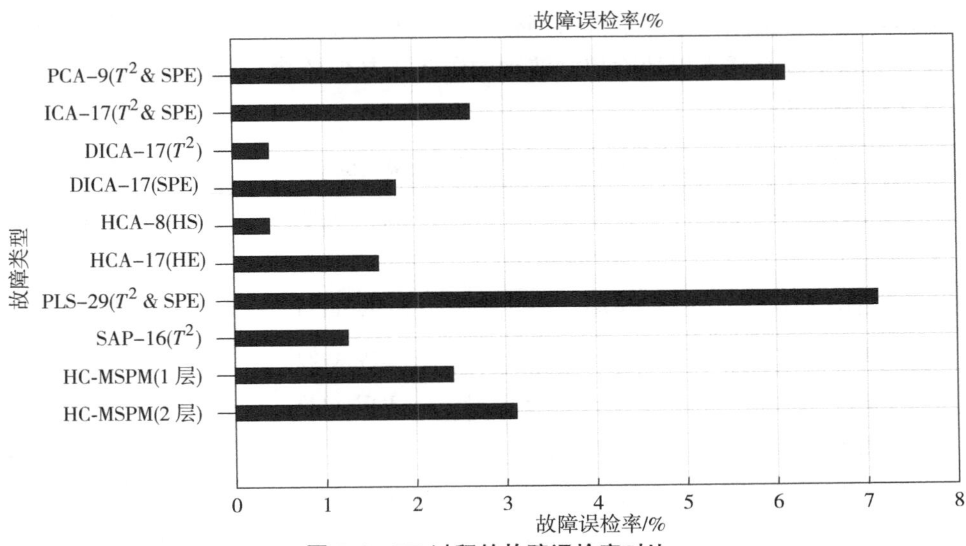

图 5.8　TE 过程的故障误检率对比

其次，与基于神经网络的方法：基于栈式自编码网络的故障诊断算法（见第一章，简记为 DL）[115]和加权时间序列深度学习（见第二章，简记为 WTDL）[93]，进行对比，如图 5.9 所示。本章提出的方法虽然对于某些特定的故障不是最优的选择（这是因为分类器在模式匹配上优势明显），但该算法利用统计量进行分析更有利于观测故障的演变过程，检测率也相对较为满意。

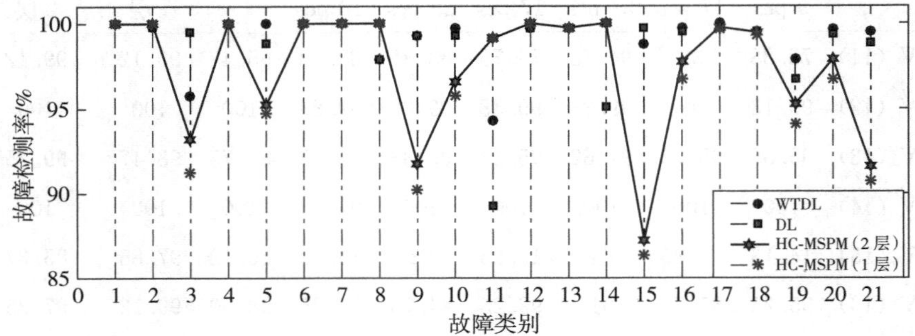

图 5.9 TE 过程的故障检测率对比

此外，在 ME 过程数据集上验证本章提出的算法的检测性能。该数据是从 Al 批次蚀刻过程中收集，由 LAM 9600 金属蚀刻机在蚀刻 129 个晶圆的过程中的过程变量组成[132]。ME 过程数据由 108 个普通晶圆和 21 个故障晶圆组成。本章的实验中仅使用 107 个普通晶圆和 20 个故障晶圆（表 5.2），这是因为余下的 2 个批次都有大量的缺失数据。在数据预处理步骤中需要去除前 5 个样本以消除初始波动的影响，并保留剩余的 85 个样本使得批次过程等长。

表 5.2 ME 过程的故障类型

故障编号	故障描述	故障编号	故障描述
IDV (1)	$TCP+50$	IDV (11)	CL_2+5
IDV (2)	$RF-12$	IDV (12)	BCL_3-5
IDV (3)	$EF+10$	IDV (13)	$Pressure+2$
IDV (4)	$Pressure+3$	IDV (14)	$TCP-20$
IDV (5)	$TCP+10$	IDV (15)	$TCP-15$
IDV (6)	BCL_3+5	IDV (16)	CL_2-10
IDV (7)	$Pressure-2$	IDV (17)	$RF-12$
IDV (8)	CL_2-5	IDV (18)	BCL_2+10
IDV (9)	$HeChuck$	IDV (19)	$Pressure+1$
IDV (10)	$TCP+30$	IDV (20)	$TCP+20$

与基于主成分的 k 近邻（PCA-Based k Nearest Neighbor，PC-kNN）[133]、基于 k 近邻的故障检测（Fault Detection Based on k Nearest Neighbor，FD-kNN）[134] 和基于 k 近邻的随机投影（Random Projection Based on k Nearest Neighbor，RP-kNN）[34,135-136] 进行比较，结果如表 5.3 所示。从表中可知，基于高阶相关性的多级故障检测算法的检测率高于其他 3 种方法，尤其是对于故障 6 和故障 9；虽然本章方法对故障 5 的检测率低于基于主成分的 k 近邻方法，但随着隐层结构的增加，检测率逐步提升。特别地，对于故障 3，本章算法的检测效果最为明显，说明了其对高阶相关性的利用对于故障的检测较为有效。*SRE* 在第 1、第 2 个隐层上的监测结果如图 5.10 所示，可以看出，网络结构越深，识别程度越高，检测到的故障点就越多。

表 5.3　ME 过程的故障检测率汇总

故障编号	PC-kNN	FD-kNN	RP-kNN	HC-MSPM	HC-MSPM	HC-MSPM
				1 层	2 层	3 层
IDV (1)	1	1	1	1	1	1
IDV (2)	1	1	1	1	1	1
IDV (3)	0	0	0	0	1	1
IDV (4)	1	1	1	1	1	1
IDV (5)	1	0	0	0	0	0.52
IDV (6)	0.46	0	0	1	1	1
IDV (7)	1	1	1	1	1	1
IDV (8)	1	1	1	1	1	1
IDV (9)	0	0	0.43	1	1	1
IDV (10)	1	1	1	1	1	1
IDV (11)	0	1	1	1	1	1
IDV (12)	1	1	1	1	1	1
IDV (13)	0.01	1	1	1	1	1
IDV (14)	1	1	1	1	1	1
IDV (15)	1	1	1	1	1	1
IDV (16)	1	1	1	1	1	1

续表

故障编号	PC-kNN	FD-kNN	RP-kNN	HC-MSPM 1层	HC-MSPM 2层	HC-MSPM 3层
IDV (17)	1	1	1	1	1	1
IDV (18)	1	1	1	1	1	1
IDV (19)	1	1	1	1	1	1
IDV (20)	1	1	1	1	1	1
总计	0.7735	0.8	0.8215	0.9	0.95	0.976

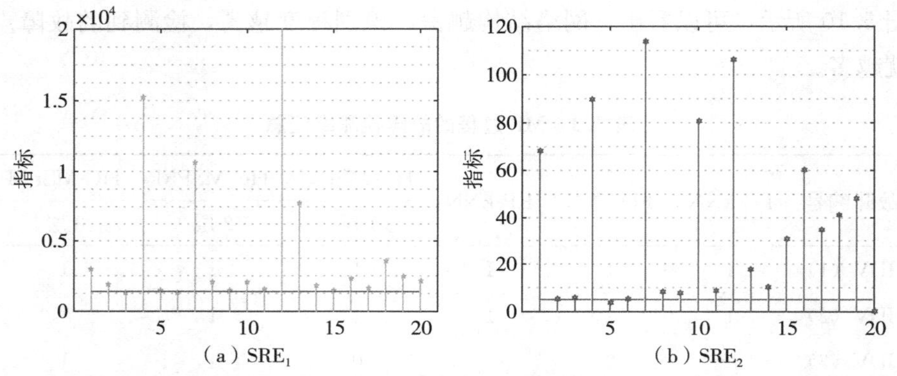

图 5.10　ME 过程的 SRE_1 和 SRE_2 监控指标

5.6.3　训练集对算法的影响

值得一提的是，本章所采用的 2 个工业过程的训练集中的正常样本数量都不够大，这可能会导致网络训练不足，变量之间的相关性不能被充分学习和表示。但即便在训练集样本远少于测试集样本时，本章方法仍然较为有效，这意味着多隐层网络对训练样本的学习较为充分。如果在训练集中添加更多的正常样本，会有什么影响？以 TE 过程数据为例：将测试集中的 960 个正常样本与训练集中的 500 个正常样本结合为新的训练集，检测结果如图 5.11 所示。可以看出，通过增加训练集的数量来提高性能是有效的。

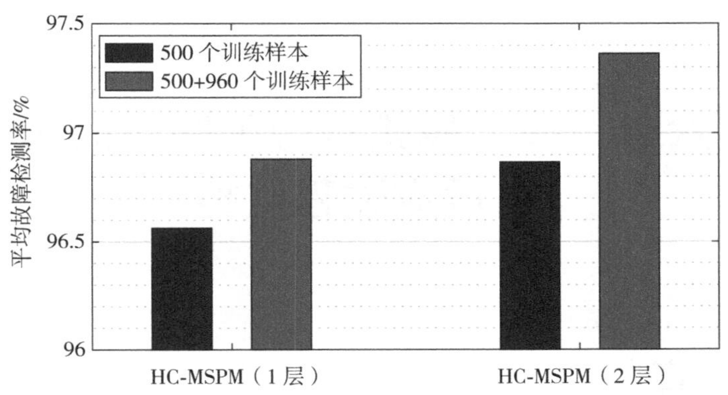

图 5.11　训练集大小对平均故障检测率的影响

5.7　本章小结

本章利用多隐层网络架构——栈式稀疏自编码网络的多重非线性组合捕获数据的高阶相关性特征，反映数据中的非线性和微小变化，然后结合统计分析技术提出 3 个监测指标 SRE、M^2 和 C_p，逐层地度量学习到的映射特征：显著故障在低层就可以检测出，微小故障也会随着逐级统计被检测；这些指标不仅可以监视过程是否保持在控制中，而且对故障类型的识别具有指导意义。

基于高阶相关性的多级故障诊断方法的另一个重要优点是在训练阶段只使用正常的历史数据，这可以避免不数据的不平衡问题，同时也会缩短网络的训练时间。此外，训练集中数据是否时间相关，对于该算法的检测性能没有影响，这在工业中是非常实用的，因为工业工程中存储的海量历史数据可能存在时间信息的缺失。TE 过程和 ME 过程数据上的实验验证了本章方法的性能，并且可以通过在训练阶段引入更多正常样本来改善检测性能。但是对于复杂的动态工业过程，系统运行中的在线数据更能反映当前的运营状态，固定阈值对于故障随时间的演变轨迹的刻画不足，如何设计故障诊断模型的自适应更新以获得更好的监控性能，有待进一步研究。

第六章　基于栈式自编码网络的阈值自适应过程监控

6.1　引言

传统的多元统计分析技术多是基于稳定的操作模态进行分析和研究，但任何复杂系统在生产装配过程或自身实际运营过程中，会产生随时间变化的磨损和老化，抑或是因产品多样化、工艺要求的不同，导致生产过程不仅在多个稳定的生产模态中切换运行，而且不同稳定模态之间变量的相关关系和过程的运行特性又常存在不同程度的差异。这类多模态生产过程在多个有序或无序的稳定操作点之间切换，使得传统的多元统计分析技术模型重建的代价太大[137]。从数据的表示学习角度，无论是模态辨识，还是故障诊断，首要问题都是提取数据中隐含的特征信息[138]，那么能否在数据驱动下建立一个统一的监控模型，实现对过程运行实时、高效的监控，包括多模态辨识、故障检测和变量隔离呢?

在前面几章的研究中已经论证了多隐层网络对样本及变量之间的互相关性的表示学习能力，特别是第四章已经从泰勒展开的角度对自编码网络在故障诊断应用中的有效性进行了解释，如果可以从函数重构的角度进一步研究和探讨自编码网络的几何意义，将有利于指导实际应用中如何根据工业过程的不同进行网络结构参数的设置和优化。

第五章提出的基于高阶相关性的多变量过程监控算法使用统计量 SRE、M^2 和 C 度量栈式自编码网络学习到的特征，分层次地监控过程运行是否保持在控制范围内。但是采用固定的阈值会增加误警率或漏报率，这是因为固定阈值没有考虑故障的累积效应，忽略了故障随时间的演变轨迹[139-142]。而实际的工业过程多是动态的过程，自适应阈值更新的机制更为适用。虽然目前已有很多自适应阈值更新技术，但由于 SRE 和 M^2 是针对基于栈式自编码网络学习的特征所提出的统计量，与其相对应的动态阈值自适应更新方法有待完善。基于以上分析，本章提出了一种适用于动态过程的自适应多模态过程监控方法，本章主要贡献如下：

· 针对多模态工业过程提出了一个综合的监控模型：基于栈式自编码网络的阈值自适应过程监控方法，采用统一的栈式自编码表示框架实现对模态特征与故障细节性变化的集成表示，降低传统过程监控方法中模态切换的代价。

· 利用函数重构理论对 Sigmoid 激活函数进行解析，进一步探索自编码网络逼近平滑函数的几何意义。

· 考虑动态过程中在线数据的重要性，基于改进的指数加权移动平均控制图实现阈值的自适应更新。

· TE 过程上的实验表明，该方法不仅提高了多模态辨识过程中模态之间的可分性，而且在不同模态下均表现出了优越的故障检测性能，且能够基于贡献图进行变量的隔离。

6.2　多模态测量的表示学习

实际的工业过程中，通常只存在少量的标记样本，基于无监督和半监督相结合的学习方式可以弥补标记样本不足的问题。表示学习的方法有很多种，为了形成完整的研究体系，本章仍采用多隐层的栈式稀疏自编码网络对监控量中隐含的模态特征和故障的细节性变化进行表示学习。

给定一组由未标记的多模态过程测量值形成的训练集 $X=\{\boldsymbol{X}_1, \boldsymbol{X}_2, \boldsymbol{X}_3, \cdots\}$，$\boldsymbol{X}_i=[x_{i,1}, x_{i,2}, \cdots, x_{i,n}]^{\mathrm{T}}\in\mathbf{R}^{n\times1}$，自编码网络试图学习一个函数 $\hat{X}=F_{W,b}(X)\approx X$。每个隐单元与输入节点之间的映射为：

$$X\rightarrow H,\ \boldsymbol{H}_i=[h_1, h_2, \cdots, h_m]^{\mathrm{T}}\in\mathbf{R}^{m\times1}。$$

自编码网络的公式表示为：

$$z_i=\sum_{j=1}^{n}\boldsymbol{Iw}_{i,j}\boldsymbol{x}_j+Hb_i,\ \forall i=1, 2, \cdots, s, \tag{6.1}$$

$$h_i=f(z_i), \tag{6.2}$$

$$\widetilde{x}_t=\sum_{i=1}^{s}\boldsymbol{Hw}_{t,i}\boldsymbol{h}_i+Ob_t,\ \forall t=1, 2, \cdots, n, \tag{6.3}$$

其中，$\boldsymbol{Iw}$，$\boldsymbol{Hw}$ 是权重矩阵；Hb、Ob 是偏差，h_i 是隐层的输出，$\widetilde{x}_t$ 是输

入 x_j 的重建。不失一般性，本章仍采用最常用的 Sigmoid 函数：

$$f(z)=\frac{1}{1+\mathrm{e}^{-z}}, \tag{6.4}$$

作为激活函数，形成一个 S 形超平面（分段超平面，由 2 个平行的超平面和一个中间连接的超平面组成）。

由于第 n 个输入点在第 i 个超平面上的激活单元与超平面 $\boldsymbol{Hw}_{i,t}\boldsymbol{h}_i=0$ 的交点可以表示为：

$$\sum_{j=1}^{n}\boldsymbol{Iw}_{i,\,j}\boldsymbol{x}_j+Hb_i=0, \tag{6.5}$$

第 i 个激活单元的正交向量为：

$$\boldsymbol{V}_i=[\boldsymbol{Iw}_{i,\,1},\ \boldsymbol{Iw}_{i,\,2},\ \cdots,\ \boldsymbol{Iw}_{i,\,n}], \tag{6.6}$$

长度是：

$$l_i=\sqrt{\sum_{j=1}^{n}(\boldsymbol{Iw}_{i,\,j})^2}, \tag{6.7}$$

Sigmoid 函数的几何表示如图 6.1 所示。

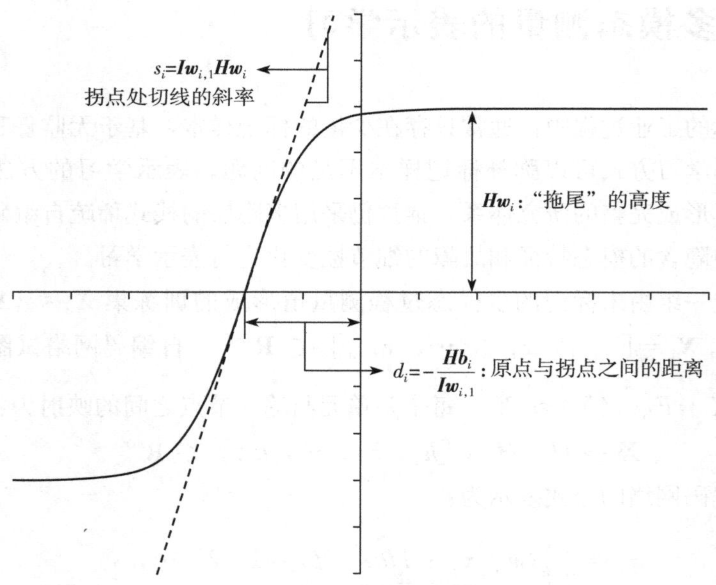

图 6.1　Sigmoid 函数的几何表示

显然，$\boldsymbol{V}_i$ 可以通过角度 $\alpha_{i,1}$，$\alpha_{i,2}$，…，$\alpha_{i,n-1}$ 来识别：

$$\boldsymbol{Iw}_{i,\,j}=l_i\cdot[\cos(a_{i,\,1})\quad \sin(a_{i,\,1})\cos(a_{i,\,2})\quad \prod_{k=1}^{2}\sin(a_{i,\,k})\cos(a_{i,\,j})\quad \cdots$$

$$\prod_{k=1}^{n-2}\sin(a_{i,k})\cos(a_{i,j}) \quad \prod_{k=1}^{n-1}\sin(a_{i,k})],$$

$$\triangleq l_i \cdot A_{i,j}, \tag{6.8}$$

其中，

$$\alpha_{i,k}=\arctan\left(\frac{\sqrt{\sum_{j=k+1}^{n}(\boldsymbol{Iw}_{i,j})^2}}{\boldsymbol{Iw}_{i,k}}\right)。 \tag{6.9}$$

第 j 个输入在第 i 个隐单元处的方向斜率为 $ds_{i,j,t}$，则 Sigmoid 函数拐点处切线的斜率 s_i 可通过下式进行推导：

$$ds_{i,j,t}=Hw_{i,t}Iw_{i,j}, \tag{6.10}$$

$$\begin{aligned} s_i &= \sqrt{\sum_{j=1}^{n}\sum_{t=1}^{n}(ds_{i,j,t})^2}=\sqrt{\sum_{j=1}^{n}\sum_{t=1}^{n}(\boldsymbol{Hw}_{i,t})^2(\boldsymbol{Iw}_{i,j})^2} \\ &= \sqrt{l_i^2\sum_{t=1}^{n}(\boldsymbol{Hw}_{i,t})^2}=l_i\sqrt{\sum_{t=1}^{n}(\boldsymbol{Hw}_{i,t})^2}, \end{aligned} \tag{6.11}$$

因此，

$$l_i=\frac{s_i}{\sqrt{\sum_{t=1}^{n}(\boldsymbol{Hw}_{i,t})^2}}。 \tag{6.12}$$

则第 i 个隐平面的原点与

$$\sum_{j=1}^{n}\boldsymbol{Iw}_{i,j}x_j+Hb_i=0, \tag{6.13}$$

之间的最短距离为：

$$d_i=-\frac{Hb_i}{l_i}。 \tag{6.14}$$

那么方程（6.1）可转化为：

$$z_i=\frac{s_i}{\sqrt{\sum_{t=1}^{n}(\boldsymbol{Hw}_{i,t})^2}}\sum_{j=1}^{n}A_{i,j}x_j+d_i,\ \forall i=1,2,\cdots,s, \tag{6.15}$$

由于 Sigmoid 函数是分段非线性函数，可用于平滑非平滑端点，那么自编码网络用于逼近平滑函数更有效。结构设置为“n-s-n”的自编码网络中有（$2ns+n+s$）个参数需要随机初始化，并根据能量损失函数

$$F(\widetilde{X},X)=\frac{1}{m}\sum_{k=1}^{m}\frac{1}{2}\|\widetilde{X}-X\|^2, \tag{6.16}$$

优化[85]。

近年来，随着深层网络结构在表示学习和分类中的引入，识别系统的性能得到显著提高，这主要在于深度网络结构是对浅层架构的重组，利用了数据中隐层的高阶抽象特征。自编码网络以无监督学习方式将输入样本进行解码和重组，从特征提取的角度，隐层的输出是输入在这一特征空间上的表示。由于网络参数利用大量样本进行训练，自编码网络不仅泛化能力较强，而且网络结构的稳健性使得其对于异常值具有鲁棒性。稀疏自编码网络是对自编码网络的隐层加入稀疏性限制，旨在消除自编码网络的输入冗余并找到主要的驱动变量，可用作深层次网络构建的基本组成块。栈式自编码网络通过非线性函数的多重组合来表示输入中隐含的特征，即使用多个稀疏自编码网络，让每层的输出作为下一层的输入，并由 Sigmoid 函数激活，如图 5.1 所示。简单地讲，每一层都是对前一层特征的抽象，以此主动地学习数据的高阶相关性特征表示。

栈式稀疏自编码网络允许从与目标无关的样本中受益，无监督特征学习层的堆叠有利于无标记样本在过程监控中的利用。由于激活值是输入值的近似，那么堆叠的层数越多，非线性特性就越强[93]。基于栈式稀疏自编码网络进行过程监控模型构建，以多模态过程的测量值作为输入，网络最后一个隐层的输出便是监控变量之间的高阶相关性特征表示，不仅包含其当前模态下的模式特征，而且包括其是否为故障样本的细节表示。通过与后续的任务共享当前的表示，可以实现多模态下模态的辨识和故障的检测。

6.3 基于栈式自编码网络的阈值自适应过程监控

对于栈式稀疏自编码网络学习到的高阶相关性特征，第五章中提出了监控指标：重建均方误差统计量 SRE、基于马氏距离平方的统计量 M^2 和基于切比雪夫距离的统计量 C。本章将讨论对 SRE、M^2 这 2 个统计量的阈值进行自适应调整以实现故障的检测（由于统计量 C 是对概率密度的计算，本章暂不考虑对其进行自适应更新），然后基于统计量的贡献图实现对故障类型的诊断。

6.3.1　基于改进的指数加权平均法的自适应阈值更新

重建均方误差统计量 SRE 可以反映隐空间中的投影变化，并度量异常状态相对于正常过程的偏差，是自编码网络输出的重建值与其原始输入之间的残差向量的平方范数：

$$\begin{aligned} SRE_p &= \| y_p - \tilde{y} \|^2 \\ &= \| X - f\{\boldsymbol{Hw}[f(\boldsymbol{Iw}X + Hb)] + Ob\} \|^2,\ p=1,\ 2,\ \cdots,\ n_l, \end{aligned} \tag{6.17}$$

其中，y_p 是子层 p 的输入值，$\tilde{y}_p$ 是 y_p 基于隐层特征 h_p 的重建，n_l 是 SSAE 网络的总层数，Iw 、Hw 是权重矩阵，Hb、Ob 是偏差，f（•）是常用的激活函数，如 Sigmoid 函数。

基于马氏距离平方的统计量 M^2 可以反映当前数据与原点在每个隐空间中的距离，度量故障样本相对于正常过程的偏差，其定义为：

$$M_p^2 = \boldsymbol{h}_p \boldsymbol{\Sigma}_p^{-1} \boldsymbol{h}_p^{\mathrm{T}},\ p=1,\ 2,\ \cdots,\ n_l, \tag{6.18}$$

其中，$\boldsymbol{\Sigma}_p$ 是训练集在隐层 p 上映射后的协方差矩阵。

监控统计量的控制上限 SRE_{ucl}，M_{ucl}^2 由给定置信水平 α 下由核密度估计算法计算的阈值，任何超出这些阈值的点都将被视为故障。然而，使用给定置信水平下的固定阈值难以平衡误警率与误警率之间的关系，我们期望能在误警率最小的情况下准确地检测出故障的发生与否；同时固定阈值没有考虑故障的累积效应，忽略了故障随时间的演变轨迹。考虑到系统的动态性，阈值可以基于对训练集的统计进行参数设计和自适应调整，通过更新整合样本数量、故障幅度等信息，更适用于实际工业过程[139-140]。

工业过程是连续的随机过程，历史样本的重要性随着时间降低，相对而言，当前样本与其之前的几个近邻之间的关系更为重要，应适当增大其影响因子。基于指数加权平均法通过后向滤波器[139] 给出时刻 j 的自适应统计量如下：

$$SRE[j] = \frac{c^1 SRE_{j-w+1} + c^2 SRE_{j-w+2} + \cdots + c^w SRE_j}{\sum_{i=1}^{w} c^i}$$

$$=\frac{\sum_{i=1}^{w}c^{i}SRE_{j-w+i}}{\sum_{i=1}^{w}c^{i}}, \tag{6.19}$$

$$M^2=\frac{c^1M_{j-w+1}^2+c^2M_{j-w+2}^2+\cdots+c^wM_j^2}{\sum_{i=1}^{w}c^i}$$

$$=\frac{\sum_{i=1}^{w}c^{i}M_{j-w+i}^{2}}{\sum_{i=1}^{w}c^{i}}, \tag{6.20}$$

其中，c（$c>1$）是加权因子，w 是滤波器的窗口宽度。进一步，自适应监测统计量可以通过对最新样本进行适当的平滑以消除噪声的影响，即：

$$SRE[j]=\frac{\sum_{i=1}^{w}c^{i}SRE_{j-w+i}}{\sum_{i=1}^{w}c^{i}}, \tag{6.21}$$

如果 $SRE[j]>SRE_{ucl}$，说明过程运行中产生了故障，即：

$$\frac{\sum_{i=1}^{w}c^{i}SRE_{j-w+i}}{\sum_{i=1}^{w}c^{i}}>SRE_{ucl}$$

$$\Rightarrow\sum_{i=1}^{w}c^{i}SRE_{j-w+i}>\sum_{i=1}^{w}c^{i}SRE_{ucl}$$

$$\Rightarrow c^{w}SRE_{j}>\sum_{i=1}^{w}c^{i}SRE_{ucl}-\sum_{i=1}^{w-1}c^{i}SRE_{j-w+i}$$

$$\Rightarrow SRE_{j}>\frac{1}{c^{w}}\Big(\sum_{i=1}^{w}c^{i}SRE_{ucl}-\sum_{i=1}^{w-1}c^{i}SRE_{j-w+i}\Big)\triangleq SRE_{cl}[j]。 \tag{6.22}$$

因此，当 $SRE_j\geqslant SRE_{cl}[j]$，说明故障发生。$SRE_{cl}[j]$ 是由统计量 SRE_j 结合其上限 SRE_{ucl} 定义的自适应阈值，包含了与前面非警报样本处的偏差：

$$SRE_{cl}[j]=\begin{cases}\frac{1}{c^{j}}\Big(SRE_{ucl}\sum_{i=1}^{j}c^{i}-\sum_{i=1}^{j-1}c^{i}SRE_{i}\Big), & j<w,\\ \frac{1}{c^{w}}\Big(SRE_{ucl}\sum_{i=1}^{w}c^{i}-\sum_{i=1}^{w-1}c^{i}SRE_{j-w+i}\Big), & j\geqslant w,\end{cases} \tag{6.23}$$

对统计量 M^2 进行相同的自适应调整：

$$M^2[j]=\frac{\sum_{i=1}^{w}c^iM_{j-w+i}^2}{\sum_{i=1}^{w}c^i}。\tag{6.24}$$

定义 $M^2[j]>M_{ucl}^2$ 时说明运行过程中产生故障，则有：

$$M^2[j]=\frac{\sum_{i=1}^{w}c^iM_{j-w+i}^2}{\sum_{i=1}^{w}c^i}>M_{ucl}^2$$

$$\Rightarrow\sum_{i=1}^{w}c^iM_{j-w+i}^2>\sum_{i=1}^{w}c^iM_{ucl}^2$$

$$\Rightarrow c^wM_j^2>\sum_{i=1}^{w}c^iM_{ucl}^2-\sum_{i=1}^{w-1}c^iM_{j-w+i}^2$$

$$\Rightarrow M_j^2>\frac{1}{c^w}\left(\sum_{i=1}^{w}c^iM_{ucl}^2-\sum_{i=1}^{w-1}c^iM_{j-w+i}^2\right)\triangleq M_{cl}^2[j]。\tag{6.25}$$

因此，当 $M_j^2\geqslant M_{cl}^2[j]$ 时认为该过程出现故障：

$$M_{cl}^2[j]=\begin{cases}\frac{1}{c^j}\left(M_{ucl}^2\sum_{i=1}^{j}c^i-\sum_{i=1}^{j-1}c^iM_i^2\right), & j<w,\\ \frac{1}{c^w}\left(M_{ucl}^2\sum_{i=1}^{w}c^i-\sum_{i=1}^{w-1}c^iM_{j-w+i}^2\right), & j\geqslant w。\end{cases}\tag{6.26}$$

6.3.2　基于贡献图的变量隔离

在控制器触发故障警报后，故障诊断在后续的操作恢复中起着关键性作用。由于故障会直接造成监控变量之间关系的变化，那么基于变量之间的贡献度进行统计，通过统计的贡献图进行故障类别的辨识已经成为多变量过程监控中最受欢迎的技术[143]。

对于监测统计量 SRE，其控制图为：

$$Cont_i^{SRE}=[\boldsymbol{\xi}_i^{\mathrm{T}}(\boldsymbol{I}-\boldsymbol{Hw}\cdot\boldsymbol{Iw})\boldsymbol{X}]^2,\ i=1,\ 2,\ \cdots,\ n。\tag{6.27}$$

其中，$\boldsymbol{\xi}_i$ 是单位矩阵 $\boldsymbol{I}\in\mathbf{R}^{n\times n}$ 的列向量。需要指出的是，为了便于计算，这里用

$$SRE_{app}=\|(\boldsymbol{I}-\boldsymbol{Hw}\cdot\boldsymbol{Iw})\boldsymbol{X}\|^2,\tag{6.28}$$

来近似上述公式（6.9）中的监测指标 SRE，并忽略了网络偏差 $\boldsymbol{Hb}$ 和 $\boldsymbol{Ob}$ 的影响。

对于监测统计量 M^2，其控制图为：

$$Cont_i^{M^2}=\boldsymbol{\xi}_i^{\mathrm{T}}(\boldsymbol{Hw}\cdot\boldsymbol{Iw})\boldsymbol{\Sigma}_p^{-1}(\boldsymbol{Hw}\cdot\boldsymbol{Iw})^{\mathrm{T}}\boldsymbol{\xi}_i\boldsymbol{\xi}_i^{\mathrm{T}}\boldsymbol{X},\ i=1,\ 2,\ \cdots,\ n。\tag{6.29}$$

需要指出的是，这 2 个统计量和 $Cont_i^{SRE}$、$Cont_i^{M^2}$ 是每个变量在总变量中的比率，并不满足传统的指标求和关系：

$$SRE=\sum_{i=1}^{n}Cont_i^{SRE},\ M^2=\sum_{i=1}^{n}Cont_i^{M^2},\tag{6.30}$$

当检测到故障后，具有较大贡献的变量可被认为是引发故障的主变量。

6.3.3 基于栈式自编码网络的阈值自适应在线监控框架

由于多模态工况下故障的表现形式不同，模态辨识与故障诊断的紧密关联使得过程监控更为复杂[144]。为了及时地判断出异常的操作过程，本章提出了一种基于多隐层网络的自适应阈值监测方法，通过一个整体的模型实现模态辨识与故障检测，避免了多工况情况下因模态切换造成的模型重建的代价，算法流程如图 6.2 所示。

本章所提出的技术旨在为每种模态中的测量找到新的表示方法，进而通过自适应阈值监测判断该过程是否处于正常状态，由离线培训和在线监控 2 个阶段组成，步骤如下：

（1）离线训练阶段

ⅰ）数据预处理：对于给定的训练集 X_{train}，进行标准化预处理得到

$$\hat{X}_{train}=\frac{X_{train}-mean(X_{train})}{std(X_{train})}。\tag{6.31}$$

ⅱ）参数初始化：根据经验设置栈式稀疏自编码网络的初始化结构参数，同时随机初始化其连接参数。

ⅲ）无监督训练：利用正常过程下的未标记历史样本采用逐层贪婪的方法训练网络参数，包括网络的结构参数和权重。

ⅳ）根据式（6.17）和（6.18）分别计算训练集的控制指标 SRE 和 M^2。

ⅴ）选取置信水平 α，并计算控制上限 SRE_{ucl} 和 M^2_{ucl}。

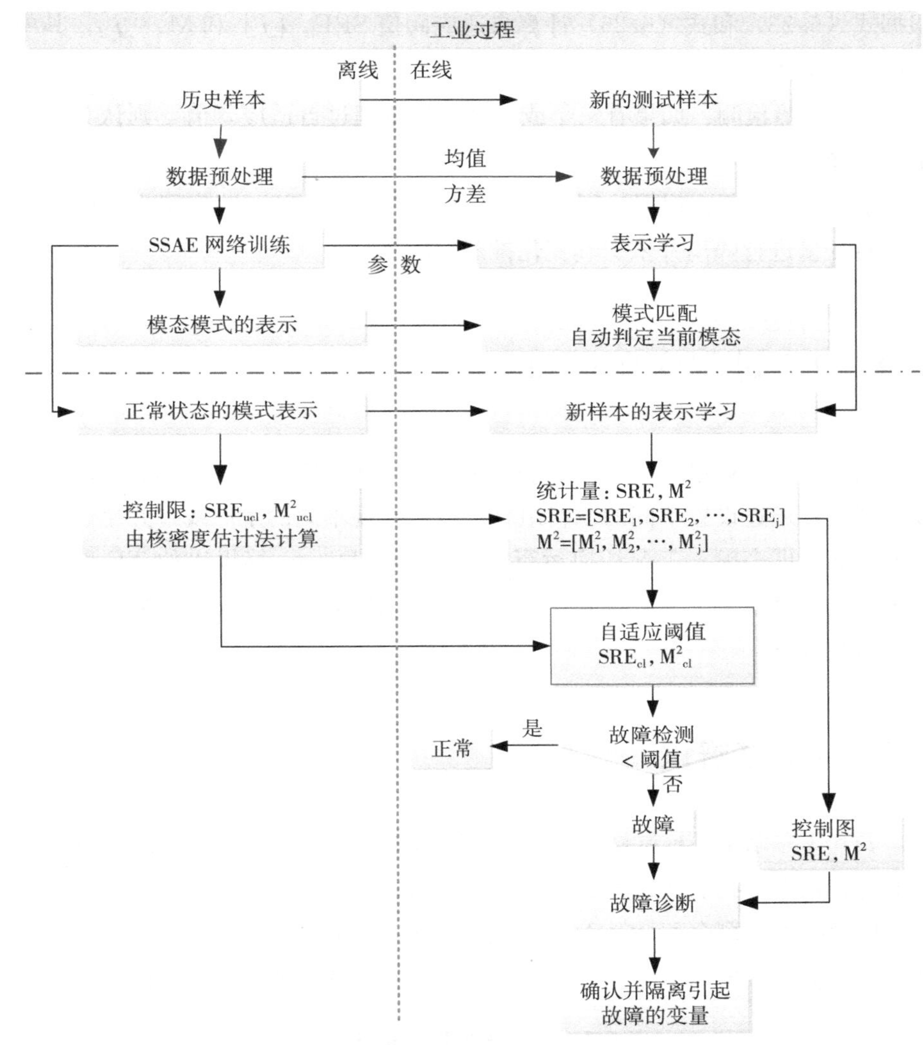

图 6.2　基于栈式自编码网络的阈值自适应过程监控流程

（2）在线监控阶段

i）数据预处理：对于测试样本 X_{test}，利用训练集的均值和方差进行预处理得到

$$\hat{X}_{test}=\frac{X_{test}-mean(X_{train})}{std(X_{train})};\tag{6.32}$$

ii）模态识别：进行模式匹配确定当前模态；

iii）对于每个测试样本 $\hat{X}_{test}$，基于固定阈值 SRE_{ucl}、M^2_{ucl} 和参数 k、c

根据式（6.23）和式（6.26）计算自适应阈值 SRE_{cl} $[j]$ 和 M_{cl}^2 $[j]$，其中 j 表示采样时刻；

ⅳ）故障检测：如果有一个或多个统计量超过自适应阈值，则认为新样本有故障；

ⅴ）故障诊断：根据控制图式（6.27）和式（6.29）确定引发故障的变量，对变量进行隔离并依据其变化推断故障类型。

6.4 TE 过程实验验证

在实际的工业过程中，受市场需求和产能的限制，工业产品的组成范围较为宽泛。通过设置不同的原料组合，可以实现不同的生产线，并生产出不同的产品，即多模态工况切换运行。本章通过 Downs 等提出的 TE 过程仿真平台生成多模态工况数据集[96,145]，分别验证本章算法的模态辨识能力和故障检测性能。

6.4.1 模态辨识

表 6.1 总结了 TE 过程的多模态参数设置。为了验证本章算法在模式辨识上的有效性，我们从每种操作模式中收集 4800 个数据样本：600×7 个样本用作训练集，剩余的 3600×7 个样本组合作为测试集，同时为了提高训练集对未知测试数据的泛化能力，需将不同操作模态下的数据进行汇总。

表 6.1 TE 过程的操作模态汇总

监控变量	基本模态	模态 1	模态 2	模态 3	模态 4	模态 5	模态 6
	50/50	50/50	10/90	90/10	50/50	10/90	90/10
汽提塔下溢	22.95	22.89	22.73	18.04	36.04	23.55	20.20
汽提塔水平	50	50	50	50	50	50	50
Sep 值	50	50	50	50	50	50	50
反应堆功值	75	65	65	65	65	65	65
反应堆压力	2705	2800	2800	2800	2800	2800	2800

续表

监控变量	基本模态	模态 1	模态 2	模态 3	模态 4	模态 5	模态 6
	50/50	50/50	10/90	90/10	50/50	10/90	90/10
G	53.72	53.83	11.66	90.09	53.35	11.65	90.07
Y_A	54.96	63.21	64.18	62.11	61.95	64.03	61.47
Y_{AC}	58.57	50.96	54.25	47.43	58.76	54.32	48.79
反应堆温度	120.4	122.9	124.2	121.9	128.2	124.6	123
循环值	22.21	1	1	77.621	1	1	71.166
蒸汽阀	47.446	1	1	1	1	1	1
搅拌器速率	50	100	100	100	100	100	100
期望产品 G/H	7038/7038	7038/7038	1408/12669	10000/1111	最大值	最大值	最大值

图 6.3 显示了对于基本模态和模态 1、模态 3、模态 4 学习的表示（与参考文献［34，137］相同）。每个模态都有其特定的模式，如图 6.3（a）所示：基本模态的变化范围在 0～1，模态 1 在 0.1～0.5 变化，模态 4 从值 0.8 降至 0。模态 3 的上限为 0.08，模态 3 上限值最低是因为压缩机循环器

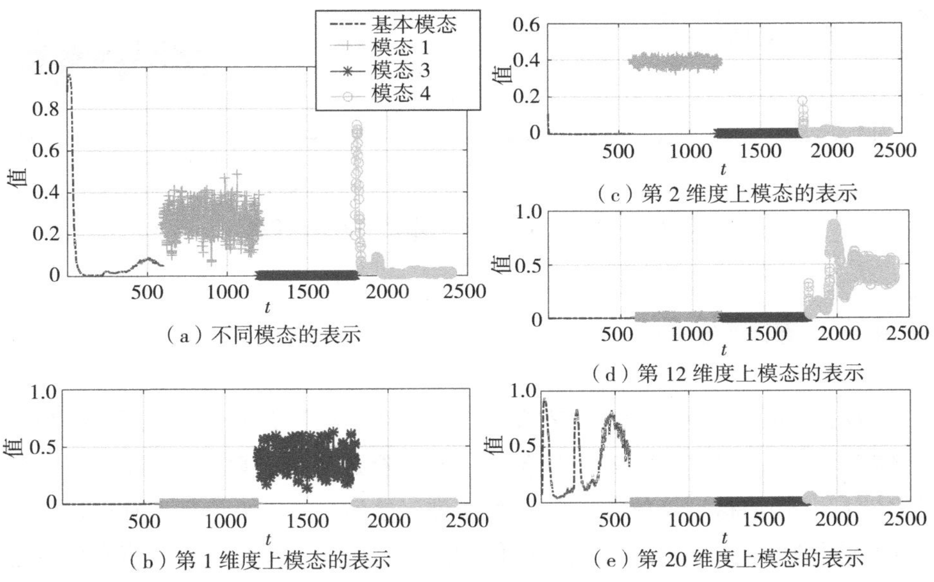

图 6.3　TE 过程中不同模态的表示

在此模态下打开约 70%，而在其他模态下关闭。显然，多模态工况中的不同模态可以通过图中所示的表示直接分开：模态 3 基于图 6.3（b）中第 1 个维度可直接识别出；模态 2 在图 6.3（c）中的第 2 个维度上容易识别；模态 4 的模式可以在图 6.3（d）中沿着第 12 个维度分离；而基本模态可以在第 20 个维度中区分，如图 6.3（e）所示。

操作系统正常时，可以通过模式匹配来识别模态的隶属关系。图 6.4 为 TE 过程中不同模态在第 2 个维度上的表示（该方向是随机选择的）。从中可以看出，测试集中模态的模式与训练集中对应模态在相同方向上的模式相匹配。也就是说，所提出的方法可以很好地跟踪该模态。准确地说，当前测量变量之间的深层体系结构和高阶相关性符合训练集中的模式变化，即网络训练的表示学习更有用。

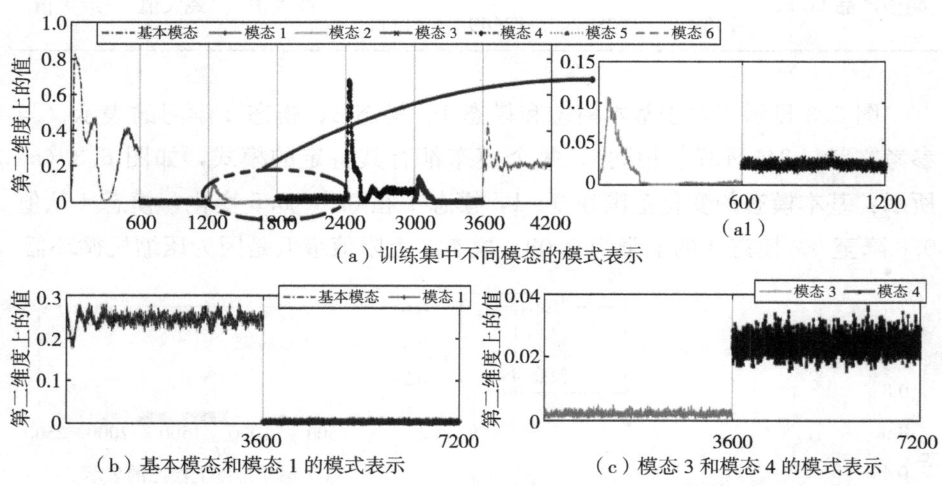

图 6.4　TE 过程中不同模态之间的模式匹配

6.4.2　故障检测

为了验证自适应阈值的有效性，本小节在基本模态下进行故障检测和变量隔离。图 6.5 是 4 类故障的监测结果：阶跃型（故障 4）、随机变化型（故障 8）、慢漂移型（故障 13）和黏滞型（故障 14）。如图 6.5 所示，自适应阈值对故障更为敏感：自适应阈值和故障之间的距离比固定阈值和故障之间的距离更宽。

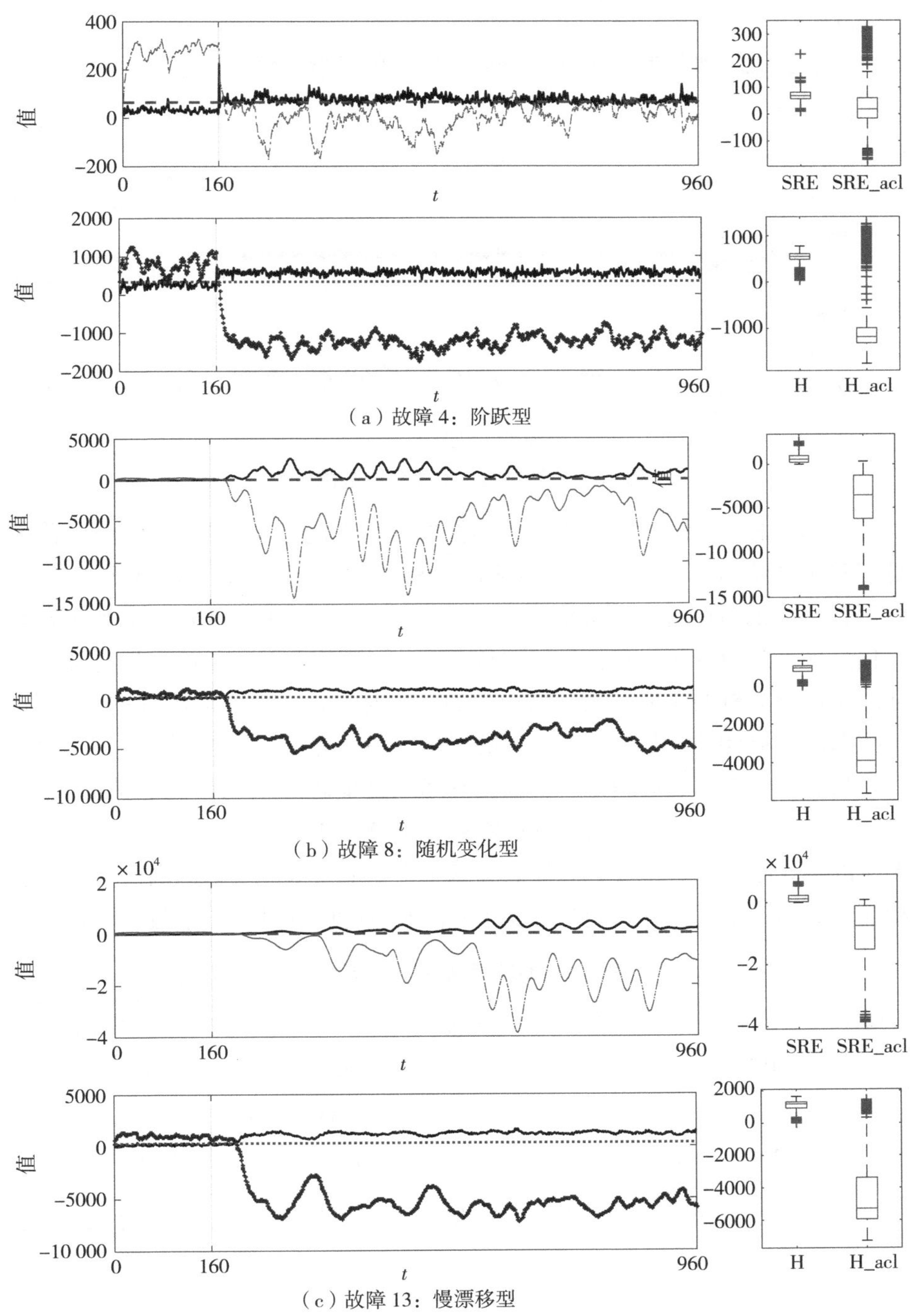

（a）故障 4：阶跃型

（b）故障 8：随机变化型

（c）故障 13：慢漂移型

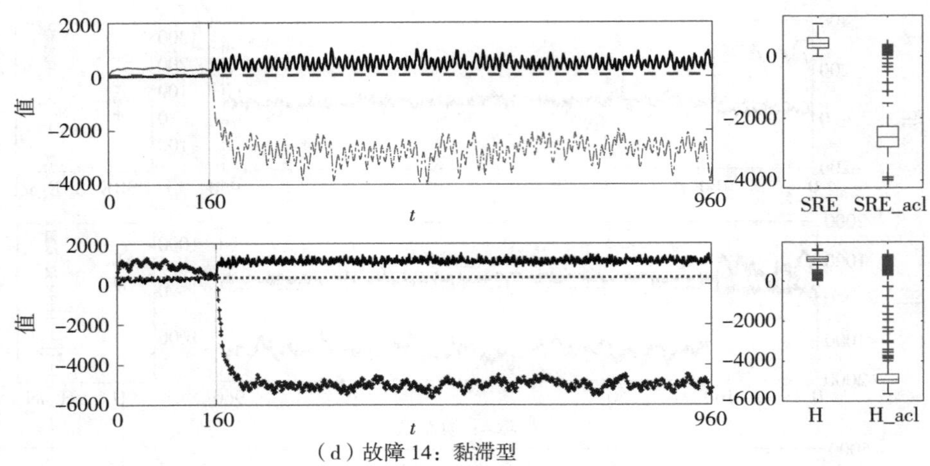

（d）故障 14：黏滞型

图 6.5　TE 过程不同类型的故障监测

表 6.2 总结了故障误警率的检测性能（越低越好）。本章方法的误警率低于基于高阶相关性的多级故障诊断算法（参见第五章，HC-MSMP）[146] 的误警率，说明自适应阈值相对于固定阈值在性能上有所改进，也意味着动态信息可有效减少警报数。虽然本章方法的误警率不是最低的，但与基于自适应主成分分析的阈值相比是可接受的。相对于这种可忽略不计的误警率，监控系统的鲁棒性还是得到了一定的提高。另一方面，当显著性水平为 2% 时，故障检测率（越高越好）和检测延迟（越低越好）也都优于其他方法，如图 6.6 和图 6.7 所示。根据这些结果，本章方法相对于基于高阶相关性的多级故障诊断算法、主成分分析法和基于自适应主成分分析的阈值方法，在检测率方面有很大提升，同时减少了检测延迟时间（延迟样本数减少）。

表 6.2　TE 过程故障误警率统计

显著性水平	PCA		自适应 PCA 阈值法		HC-MSPM		本章方法	
	SPE	T^2	Q	T^2	SRE	M^2	SRE	M^2
$\alpha=1$	7.1	1.67	0	0	10.83	2.08	5.52	0
$\alpha=2$	11.7	3.2	0	0	14.37	6.35	7.81	0
$\alpha=3$	15.7	4.48	0.63	0.31	17.08	20.83	9.69	0.31

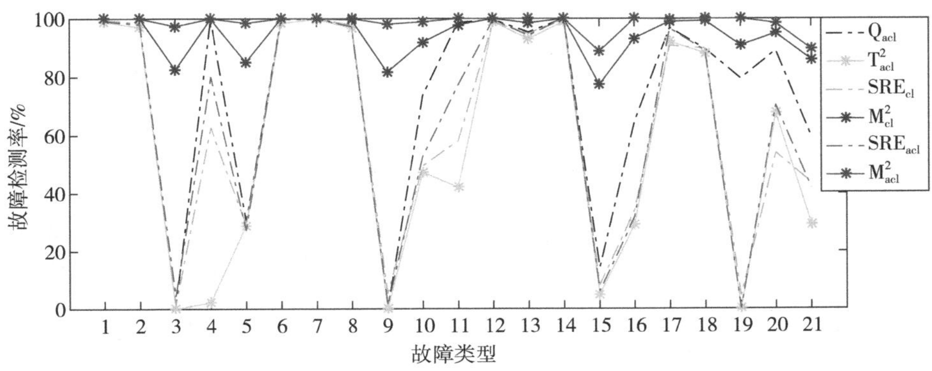

图 6.6　显著性水平为 2 时，故障的检测率对比

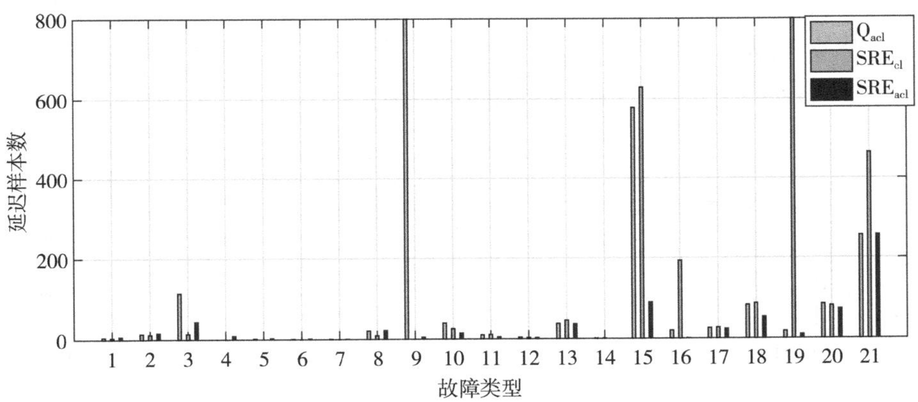

图 6.7　显著性水平为 2 时，故障检测的延迟样本统计

进一步，在多模态工况下验证算法对故障检测的性能，每种模态下分别考虑 20 类故障（故障 21 除外），故障在第 5 小时处引入，对应于第 100 个样本。如上所述，模态 3 与其他模态相比明显不同，那么对模态 1 和模态 3 下发生的故障进行在线监控，对比如图 6.8 所示。显然，本章方法可以更快速地响应故障，特别是对于比阶跃变化更不明显的随机变化（如故障 8）和慢速漂移（如故障 13）类型的故障。

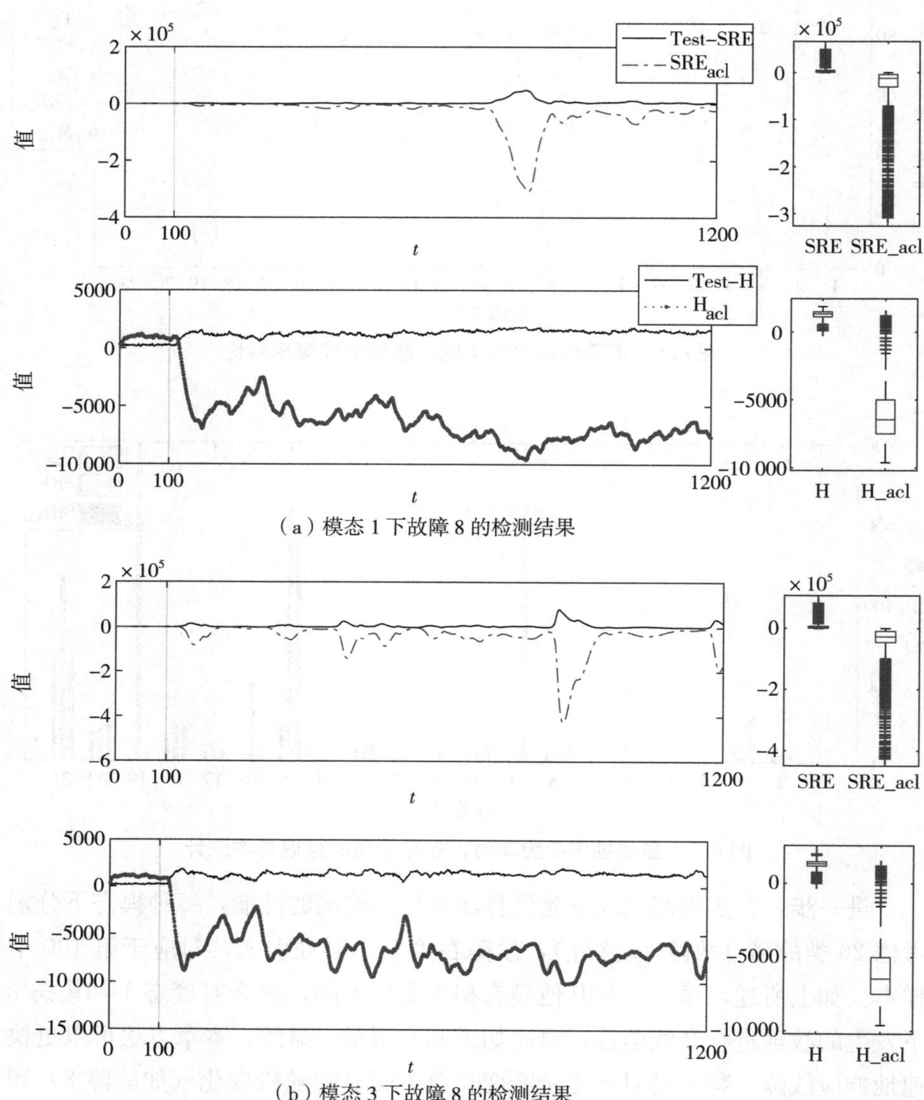

（a）模态 1 下故障 8 的检测结果

（b）模态 3 下故障 8 的检测结果

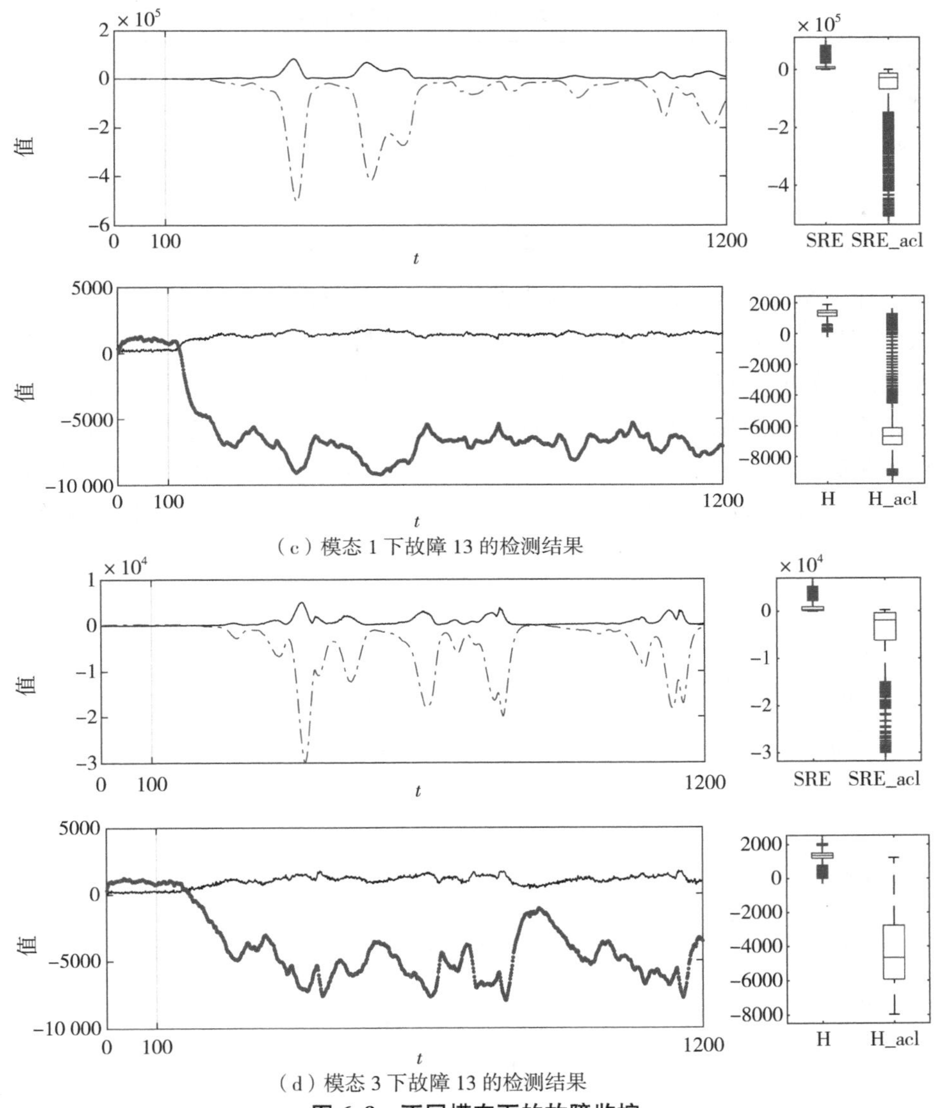

（c）模态 1 下故障 13 的检测结果

（d）模态 3 下故障 13 的检测结果

图 6.8　不同模态下的故障监控

时间延迟是指首次观察到故障时的时间与故障实际发生的时间之间的时间差[96,147-148]。以此作为评估指标，本章算法与参考文献［34，137，149］的对比结果如表 6.3 所示，本章提出的过程监控框架对故障更敏感，表现为能在故障发生后更快更短的时间内检测出故障。同时本章算法的平均执行时间仅为 0.005 s，与采样间隔 3 min 相比，所提出的方法是实时的，有利于实际应用中对系统做出实时的调控。

表 6.3 故障 8、故障 9、故障 10 的时间延迟统计

故障	模态 1			模态 3		
类型	模态分离	模态间相关分析	本章方法/s	模态分离	模态间相关分析	本章方法/s
8	31	31	0.0073	31	31	0.0071
9	68	61	0.0057	61	67	0.0049
10	5	5	0.0042	5	5	0.0038

作为系统过程恢复中不可缺失的一环，变量隔离是找到与当前故障最相关的变量，实现对故障源的调控与补偿。以故障 4 为例（与参考文献［150］相同），故障 4 是引起反应堆冷却水入口温度的阶跃变化，需要通过改变控制结构中的反应堆冷却水流量（即第 51 变量）来补偿，因此故障 4 最相关变量是第 51 个变量，正如图 6.9（a）所示，第 51 个变量在贡献图中取值最大。图 6.9（b）和图 6.9（c）分别给出了统计量 SRE 和 M^2 的控制图，

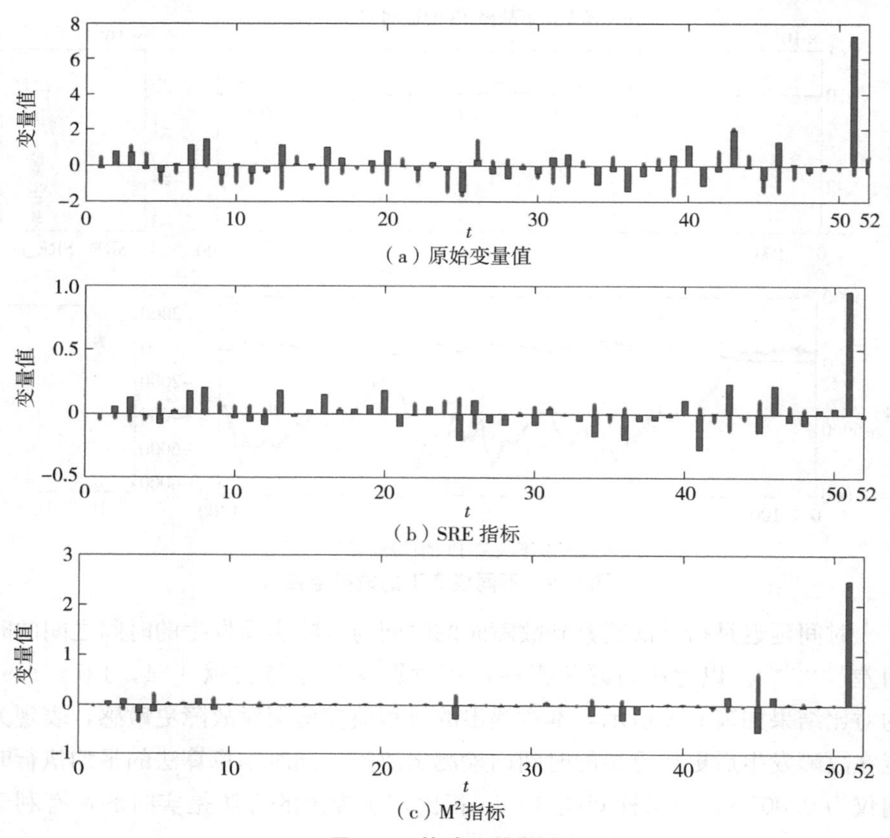

（a）原始变量值

（b）SRE 指标

（c）M^2 指标

图 6.9 故障 4 的贡献

选取 10 个连续的异常样本的贡献平均值（第 161 到第 170）进行统计，可见第 51 个变量正是需要隔离或补偿的引发故障 4 的主要变量，说明了本章算法对故障诊断的可行性。

6.5　本章小结

为了辨识多模态工业过程中的运行状态，本章提出了一种基于栈式自编码网络的阈值自适应过程监控方法：利用统一的数据表示框架实现对模态特征与故障细节性变化的集成表示学习，降低传统过程监控方法中模态切换时需要重新建模的代价。通过多隐层的栈式稀疏自编码网络中的多重非线性映射逐层学习数据中相关性信息。基于改进的指数加权平均算法对数据的统计量阈值进行自适应调整，充分利用在线数据对模型的影响，切合过程运行的实际变化。采用贡献图进行变量隔离，更易于追溯故障发生的根源。此外，为了详细阐述自编码网络的表示机制，基于函数重构理论对 Sigmoid 激活函数提出了新的公式替代，给出了自编码网络可以逼近平滑函数的几何意义。

TE 过程基准测试集上的实验表明，本章算法不仅可以学习到不同模态的模式表示，而且可以有效地检测多模态过程中发生的故障，追溯引发故障的变量。当然，该算法可以通过结合其他机器学习技术探究更有效的特征表示，以获得更好的控制性能和更低的计算复杂度。

第七章　基于互信息矩阵投影的可解释故障诊断

7.1　引言

传统的 MSPM 方法，如主成分分析、偏最小二乘法和独立成分分析等，利用了主成分空间中的 T^2 统计量（Hotteling's T^2）或残差子空间中的平方预测误差（Squared Prediction Error，SPE）统计量监控样本流。虽然这类方法在高度相关的多模态变量下表现令人满意，但是会忽略连续样本之间的时间相关性，导致 Type-Ⅱ错误（未能拒绝错误的零假设）。

考虑到工业过程的动态特性，动态 PCA（Dynamic PCA，DPCA）[30,151]、改进的 ICA（Modified ICA，MICA）[152-154] 和其他递归 MSPM 方法[155-158] 相继提出。这些方法通过添加时滞变量形成滑动窗时间拓扑矩阵，捕获连续过程的（局部）相关性特征。与传统的 PCA 或 ICA 相比，基于窗口的方法能够区分样本测量与噪声，为解决连续过程相关的难点提供了途径[159-160]。

为了进一步提高基于滑动窗方法的性能，如何利用过程变量的高阶统计量变得至关重要[32,161-164]，比较重要的方法有统计模式分析（Statistics Pattern Analysis，SPA）[159,162]、递归转换成分统计分析（Recursive Transformed Component Statistical Analysis，RTCSA）[32] 和递归动态转换元统计分析（Recursive Dynamic Transformed Component Statistical Analysis，RDTCSA）[163] 等。与传统的 PCA 和 DPCA 隐式地假设潜变量服从多元高斯分布不同，SPA 在滑动窗中整合了过程测量的偏度、峰度和其他高阶统计量用于处理非高斯数据，已证明其性能优于 PCA 和 DPCA。然而，SPA 对于微小故障的检测表现不佳[32,161-164]。为了避免这一问题，RTCSA 和 RDTCSA 并没有将投影空间划分为主成分空间和残差子空间。相反，这 2 种方法都在整个空间上提取正交变换分量（Transformed Component，

TC)，并以其均值、方差、偏度和峰度作为统计量。需注意的是，三阶和四阶统计量通常有利于检测微小故障[159-163]。尽管 RTCSA 和 RDTCSA 拥有完备的数学基础，但基于主成分分析的故障检测方法采用协方差矩阵，仅提取了量测（检测）数据中的线性相关性，如何利用工业过程数据中隐含的非线性特性成为故障检测中的关键问题[3,87,165]。

近年来，信息论由于其数理统计方面的优势，已成功应用于各种机器学习、计算机视觉和信号处理任务中，并在过程监控的应用中引发了新的研究兴趣[166-167]。尽管已有一些研究将信息论应用于故障检测，但多数是利用互信息进行降维，选取变量之间的主要驱动量[168-173]。据我们所知，除了特征选择外，只有 2 个研究说明了使用信息论概念进行故障检测的潜力，却没有给出具体的统计分析[172-173]。因此，关于如何将信息论技术应用于工业过程的统计分析，仍然是一个有待解决的问题①。本章工作的贡献如下：

• 新的故障检测方法：本章构建了一个互信息（Mutual Information，MI）矩阵以监控（可能是非线性的）动态过程的非平稳性，并提出了一种新的故障检测方法——互信息矩阵投影（Projections of Mutual Information Matrix，PMIM）。

• 新的互信息估计方法：不同于以往基于信息论的故障检测方法采用经典 Shannon 熵进行估计，依赖于数据的潜在分布，本章使用最近提出的基于矩阵 Rényi 的 α-熵函数估计变量之间的 MI 值，根据（归一化的）对称正定（SPD）矩阵的特征谱进行计算，弥补了流程工业中难以实时计算概率密度函数（PDF）的不足，这一特性促使该方法适用于包含连续、离散甚至混合变量的复杂工业过程。

• 检测精度：对仿真数据和田纳西伊士曼过程（Tennessee Eastman Process，TEP）基准集的实验表明，PMIM 具有与当前故障检测方法相当甚至更高的检测性能，且误检率较低。

• 实施细节与再现：本章详细阐述了基于 PMIM 进行故障检测的实现细节，并结合 MI 矩阵的特征谱说明了 PMIM 的可检测性，附录 A 提供了

① 注意，熵最初是在热力学中引入，本章没有运用熵的物理意义。根据玻尔兹曼公式，熵的函数可以表示为：$S=-k\ln p$，其中 k 是玻尔兹曼常数，p 是热力学概率。本章工作是基于香农在 1948 年提出的信息熵[174]，用于度量传输系统中信号源的不确定性。

与 PMIM 相关的关键代码（MATLAB 2019a）①。

• 可解释性：基于 PMIM 的故障检测能够找到导致故障发生的根变量，故障检测结果是可解释的，即知道哪个变量或特定传感器数据导致了故障。

注：$\boldsymbol{I}$ 代表单位矩阵。矩阵 $\boldsymbol{X}$ 的第 i 行由行向量 $\boldsymbol{x}^i$ 声明，而第 j 列由列向量 $\boldsymbol{x}_j$ 表示。此外，上标表示时间（或样本）索引，下标表示变量索引。对于 $\boldsymbol{x}\in\mathbf{R}^n$，$l_p$ 范数定义为

$$\|\boldsymbol{x}\|_p \triangleq \left(\sum_{i=1}^{n}|\boldsymbol{x}_i|^p\right)^{\frac{1}{p}}。$$

7.2 互信息矩阵的定义与估计

7.2.1 互信息矩阵的定义

MI 量化了 2 个随机变量之间的非线性相关性[174-176]。给定一个多变量时间序列，可以通过变量之间的 MI 值构建 MI 矩阵（稳态）。直观上，MI 矩阵可以看作是经典协方差矩阵的非线性扩展。具体来说，MI 矩阵的形式化定义如下。

定义 7.1 给定一个 m 维的（稳态）过程$\wp$，定义过程测量的第 i 个维度为 $\boldsymbol{x}_i$（$i=1,2,\cdots,m$），则$\wp$上的互信息矩阵 $\boldsymbol{M}_{train}^i\in\mathbf{R}^{m\times m}$ 为：

$$\boldsymbol{M}_{train}^i=\begin{bmatrix} I(\boldsymbol{x}_1;\boldsymbol{x}_1) & I(\boldsymbol{x}_1;\boldsymbol{x}_2) & \cdots & I(\boldsymbol{x}_1;\boldsymbol{x}_m) \\ I(\boldsymbol{x}_2;\boldsymbol{x}_1) & I(\boldsymbol{x}_2;\boldsymbol{x}_2) & \cdots & I(\boldsymbol{x}_2;\boldsymbol{x}_m) \\ \vdots & \vdots & & \vdots \\ I(\boldsymbol{x}_m;\boldsymbol{x}_1) & I(\boldsymbol{x}_m;\boldsymbol{x}_2) & \cdots & I(\boldsymbol{x}_m;\boldsymbol{x}_m) \end{bmatrix}\in\mathbf{R}^{m\times m}, \quad (7.1)$$

其中，$I(\boldsymbol{x}_i;\boldsymbol{x}_j)$ 为变量 $\boldsymbol{x}_i$ 和 $\boldsymbol{x}_j$ 之间的互信息。

根据香农信息理论，$I(\boldsymbol{x}_i;\boldsymbol{x}_j)$ 是由变量 $\boldsymbol{x}_i$ 和 $\boldsymbol{x}_j$ 之间的联合概率分布 $p(\boldsymbol{x}_i;\boldsymbol{x}_j)$ 及对应的边缘分布计算 $p(\boldsymbol{x}_i)$ 和 $p(\boldsymbol{x}_j)$，即，

① 具体代码见 https://github.com/SJYuCNEL/Fault_detection_PMIM.

$$
\begin{aligned}
I(\boldsymbol{x}_i;\ \boldsymbol{x}_j) &= \iint p(\boldsymbol{x}_i;\ \boldsymbol{x}_j)\log_2\left(\frac{p(\boldsymbol{x}_i;\ \boldsymbol{x}_j)}{p(\boldsymbol{x}_i)p(\boldsymbol{x}_j)}\right)\mathrm{d}\boldsymbol{x}_i\mathrm{d}\boldsymbol{x}_j \\
&= \int\left(\int p(\boldsymbol{x}_i;\ \boldsymbol{x}_j)\mathrm{d}\boldsymbol{x}_i\right)\log_2(p(\boldsymbol{x}_i))\mathrm{d}\boldsymbol{x}_i - \\
&\quad \int\left(\int p(\boldsymbol{x}_i;\ \boldsymbol{x}_j)\mathrm{d}\boldsymbol{x}_i\right)\log_2(p(\boldsymbol{x}_j))\mathrm{d}\boldsymbol{x}_j + \\
&\quad \iint p(\boldsymbol{x}_i;\ \boldsymbol{x}_j)\log_2(p(\boldsymbol{x}_i;\ \boldsymbol{x}_j))\mathrm{d}\boldsymbol{x}_i\mathrm{d}\boldsymbol{x}_j \\
&= \int p(\boldsymbol{x}_i)\log_2(p(\boldsymbol{x}_i))\mathrm{d}\boldsymbol{x}_i - \int p(\boldsymbol{x}_j)\log_2(p(\boldsymbol{x}_j))\mathrm{d}\boldsymbol{x}_j + \\
&\quad \iint p(\boldsymbol{x}_i;\ \boldsymbol{x}_j)\log_2(p(\boldsymbol{x}_i;\ \boldsymbol{x}_j))\mathrm{d}\boldsymbol{x}_i\mathrm{d}\boldsymbol{x}_j \\
&= H(\boldsymbol{x}_i) + H(\boldsymbol{x}_j) - H(\boldsymbol{x}_i;\ \boldsymbol{x}_j),
\end{aligned}
\tag{7.2}
$$

其中，$H(\boldsymbol{x}_i)$ 为变量 $\boldsymbol{x}_i$ 的熵，$H(\boldsymbol{x}_i;\ \boldsymbol{x}_j)$ 为变量 $\boldsymbol{x}_i$ 和 $\boldsymbol{x}_j$ 之间的联合熵，且 $I(\boldsymbol{x}_i;\ \boldsymbol{x}_i)=H(\boldsymbol{x}_i)$。

理论上，MI 矩阵 $\boldsymbol{M}$ 是非负对称矩阵，这是因为通过应用 Jensen 不等式，有

$$
\begin{aligned}
I(\boldsymbol{x}_i;\ \boldsymbol{x}_j) &= \iint p(\boldsymbol{x}_i;\ \boldsymbol{x}_j)\log_2\left(\frac{p(\boldsymbol{x}_i;\ \boldsymbol{x}_j)}{p(\boldsymbol{x}_i)p(\boldsymbol{x}_j)}\right)\mathrm{d}\boldsymbol{x}_i\mathrm{d}\boldsymbol{x}_j \\
&\geqslant -\log_2\left(\iint p(\boldsymbol{x}_i;\ \boldsymbol{x}_j)\log_2\left(\frac{p(\boldsymbol{x}_i;\ \boldsymbol{x}_j)}{p(\boldsymbol{x}_i)p(\boldsymbol{x}_j)}\right)\mathrm{d}\boldsymbol{x}_i\mathrm{d}\boldsymbol{x}_j\right) \\
&= -\log_2\left(\iint p(\boldsymbol{x}_i)p(\boldsymbol{x}_j)\mathrm{d}\boldsymbol{x}_i\mathrm{d}\boldsymbol{x}_j\right) = 0。
\end{aligned}
\tag{7.3}
$$

在变量不相关的情况下，MI 矩阵简化为对角矩阵，主对角线上是每个变量的熵。尽管 MI 矩阵已被推测是半正定的，且在本章的应用中被证实，但该特性在理论上并不总是正确的[177]。

从信息论的角度，互信息计算需要依据概率密度函数，但是实时的概率密度估计在目前仍是一个技术难题，而且工业过程的监测量可能同时包含离散变量和连续变量。本章采用基于矩阵 Rényi 的 α-熵函数进行概率密度的近似计算。

7.2.2　基于矩阵 Rényi 的 α-熵函数的互信息估计

熵使用单个标量度量随机变量的不确定性[178-179]。对于工业过程中的采

样变量 $\{x_i\}_{i=1}^{n} \in \chi$，定义实正定可分核函数 κ：$\chi \times \chi \to \mathbf{R}$。已知 x 在有限集 s 上的概率密度函数为 $p(x)$，则基于矩阵 Rényi 的 α-熵函数为：

$$H_\alpha(x) = \frac{1}{1-\alpha}\log_2\int_s p^\alpha(x)\mathrm{d}x。 \tag{7.4}$$

当 $\alpha \to 1$ 时，该式子退化为基本的香农（Shannon）熵函数①

$$H(x) = -\int_s p(x)\log_2 p(x)\mathrm{d}x。$$

从这一角度，Rényi 熵通过超参数 α 对基本香农熵进行了单参数泛化。

信息论由于其数理统计方面的优势，已成功应用于各种机器学习，计算机视觉和信号处理任务中[178,182]，但是，对连续和复杂数据的准确概率密度估计阻碍了它在数据驱动科学中的广泛应用，特别是过程控制，这是由于多变量过程测量可能同时包含离散和连续变量。事实上，对于离散变量和连续变量之间的 MI 定义，目前还没有普遍的共识，更不用说精确估计了[183-184]。本章使用由 Sánchez Giraldo 等提出的估计方法计算 MI 矩阵[185]。根据参考文献［182，185］，以再生核希尔伯特空间（Reproducing Kernel Hilbert Space，RKHS）投影的 Hermitian 矩阵的归一化特征谱来定量估计 Rényi 熵[180]，不需要直接计算数据的概率密度分布。定义 7.2 给出了 Sánchez Giraldo 等对熵和联合熵的定义。

定义 7.2 定义实正定可分核函数 κ：$\chi \times \chi \to \mathbf{R}$，对于任意实值变量 $\{\boldsymbol{x}_i\}_{i=1}^{n} \in \chi$，$\chi$ 是有限集根据定义的核函数 κ 可求出任意 2 个随机变量 $\boldsymbol{x}_i$ 和 $\boldsymbol{x}_j$ 的 Gram 矩阵 $\boldsymbol{K} = \kappa(\boldsymbol{x}_i, \boldsymbol{x}_j)$，则基于矩阵 Rényi 的 α-熵函数为：

$$H_\alpha(\boldsymbol{A}) = \frac{1}{1-\alpha}\log_2(\mathrm{tr}(\boldsymbol{A}^\alpha)) = \frac{1}{1-\alpha}\log_2\left(\sum_{i=1}^{n}\lambda_i(\boldsymbol{A}^\alpha)\right), \tag{7.5}$$

其中，$\boldsymbol{A}$ 是 Gram 矩阵 $\boldsymbol{K}$ 的归一化正定矩阵，即 $\boldsymbol{A} = \frac{\boldsymbol{K}}{\mathrm{tr}(\boldsymbol{K})}$，而 $\lambda_i(\boldsymbol{A})$ 表示 $\boldsymbol{A}$ 的第 i 个特征值。

定义 7.3 给定 n 个变量对 $(x_i, y_i)_{i=1}^{n}$，$x \in \chi$，$y \in \chi$，定义实正定可分核函数 κ_1：$\chi \times \chi \to \mathbf{R}$，和 κ_2：$\gamma \times \gamma \to \mathbf{R}$，则基于矩阵 Rényi 的 α-联合熵函数为：

$$H_\alpha(\boldsymbol{A}, \boldsymbol{B}) = H_\alpha\left(\frac{\boldsymbol{A}\circ\boldsymbol{B}}{\mathrm{tr}(\boldsymbol{A}\circ\boldsymbol{B})}\right), \tag{7.6}$$

① 当 $\alpha \to 1$ 时，基于 L'Hôspital 规则的一个简单证明见参考文献［181］。

其中，$A_{ij}=\kappa_1(x_i,\ x_j)$，$B_{ij}=\kappa_2(y_i,\ y_j)$，$\boldsymbol{A}\circ\boldsymbol{B}$ 表示矩阵 $\boldsymbol{A}$ 和 $\boldsymbol{B}$ 之间的 Hadamard 乘积。

基于矩阵 Rényi 的 α-熵函数的互信息 $I_\alpha(\boldsymbol{A};\ \boldsymbol{B})$ 是由基于香农互信息计算：

$$I_\alpha(\boldsymbol{A};\ \boldsymbol{B})=H_\alpha(\boldsymbol{A})+H_\alpha(\boldsymbol{B})-H_\alpha(\boldsymbol{A},\ \boldsymbol{B})。\tag{7.7}$$

本章使用高斯核函数

$$\kappa(x_i,\ x_j)=\exp\left(-\frac{\|x_i-x_j\|^2}{2\sigma^2}\right),\tag{7.8}$$

计算 Gram 矩阵。显然，这一计算避免了实值概率密度函数的估计，对数据的特性（连续、离散或者混合变量）也没有要求，使得其适用于工业过程。

7.3　基于 PMIM 的故障检测

在本节中，我们提出一种基于 MI 矩阵投影的故障检测算法——互信息矩阵。鉴于流程工业过程运行中传感器采集数据为时间序列，即离散的时间过程变量 $\wp=\{\boldsymbol{x}^1,\ \boldsymbol{x}^2,\ \boldsymbol{x}^3,\ \cdots\}$：$\boldsymbol{x}^i\in\mathbf{R}^{1\times m}$。由于当前监测数据与一定时间内的历史样本最相关，可选定适当的时间窗口长度 w，在每个监测时刻 k，构造样本的拓扑矩阵 $\boldsymbol{X}^k\in\mathbf{R}^{w\times m}$ 如下：

$$\boldsymbol{X}^k=\begin{bmatrix}\boldsymbol{x}^{k-w+1}\\ \boldsymbol{x}^{k-w+2}\\ \vdots\\ \boldsymbol{x}^k\end{bmatrix}=\begin{bmatrix}x_1^{k-w+1} & x_2^{k-w+1} & \cdots & x_m^{k-w+1}\\ x_1^{k-w+2} & x_2^{k-w+2} & \cdots & x_m^{k-w+2}\\ \vdots & \vdots & & \vdots\\ x_1^k & x_2^k & \cdots & x_m^k\end{bmatrix}$$

$$\triangleq[\boldsymbol{x}_1,\ \boldsymbol{x}_2,\ \cdots,\ \boldsymbol{x}_m]\in\mathbf{R}^{w\times m},\tag{7.9}$$

其中，$\boldsymbol{x}_l(1\leqslant l\leqslant m)$ 表示在一个时间窗口内由 w 个流程样本构建的拓扑矩阵 $\boldsymbol{X}^k$ 的第 l 列变量，如图 7.1 所示。则第 k 时刻的互信息矩阵 $\boldsymbol{M}$ 由下式给出：

$$\boldsymbol{M}=\begin{bmatrix}H(\boldsymbol{x}_1) & I(\boldsymbol{x}_1;\ \boldsymbol{x}_2) & \cdots & I(\boldsymbol{x}_1;\ \boldsymbol{x}_m)\\ I(\boldsymbol{x}_2;\ \boldsymbol{x}_1) & H(\boldsymbol{x}_2) & \cdots & I(\boldsymbol{x}_2;\ \boldsymbol{x}_m)\\ \vdots & \vdots & & \vdots\\ I(\boldsymbol{x}_m;\ \boldsymbol{x}_1) & I(\boldsymbol{x}_m;\ \boldsymbol{x}_2) & \cdots & H(\boldsymbol{x}_m)\end{bmatrix}\in\mathbf{R}^{m\times m}。\tag{7.10}$$

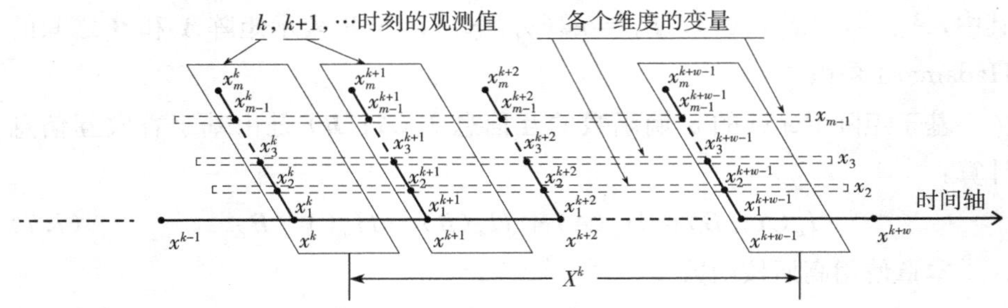

图 7.1 基于滑动窗 w 所构建的时间拓扑结构

互信息矩阵 $\boldsymbol{M}$ 包含了 k 时刻的时间拓扑矩阵中任意 2 个变量之间的非线性相关性，在正常状态下，互信息矩阵 $\boldsymbol{M}$ 的统计量应当保持不变或稳定。但是某一传感器发生故障，至少会影响互信息矩阵中一个或多个互信息值，从而造成所提取的各阶统计量的改变。

现有过程监控技术表明，可以从样本协方差矩阵的特征向量所形成的正交空间中提取统计特征，从而构成对原始数据空间特性的理解[32,163-164,187]。类比协方差矩阵，互信息矩阵 M 同样是变量之间相关性的度量。因此，可对互信息矩阵进行特征谱分解 $\boldsymbol{M}=\boldsymbol{P\Lambda P}^{-1}$，$\boldsymbol{P}\in\mathbf{R}^{m\times m}$ 为特征向量矩阵，对角矩阵 $\boldsymbol{\Lambda}=\mathrm{diag}(\lambda_1,\lambda_2,\cdots,\lambda_m)\in\mathbf{R}^{m\times m}$ 是特征值矩阵。对检测样本在由特征向量矩阵 $\boldsymbol{P}$ 的列向量所构建的正交空间投影，得到转换元矩阵 $\boldsymbol{T}$：

$$\boldsymbol{T}=\boldsymbol{XP}\triangleq\begin{bmatrix}t^{k-w+1}\\t^{k-w+2}\\\vdots\\t^{k}\end{bmatrix}\in\mathbf{R}^{w\times m}。\tag{7.11}$$

称转换元矩阵 $\boldsymbol{T}$ 的列向量为基于互信息的转换元（MI-TC）。

转换元这一术语源自参考文献［6-7，24］，在样本协方差矩阵 $\boldsymbol{C}=\dfrac{1}{w-1}\boldsymbol{X}^{\mathrm{T}}\boldsymbol{X}$ 上定义：假设 $\boldsymbol{P_C}$ 和 $\boldsymbol{\Lambda_C}$ 分别是 $\boldsymbol{C}$ 的特征向量和特征值构成的对角矩阵（特征矩阵），即 $\boldsymbol{C}=\boldsymbol{P}_C\boldsymbol{\Lambda}_C\boldsymbol{P}_C^{-1}$，那么 $\boldsymbol{X}$ 的原始转换元为 $\boldsymbol{T_C}=\boldsymbol{XP_C}\in\mathbf{R}^{w\times m}$。

不同于协方差矩阵仅能够捕获任意 2 个变量之间的线性相关性，互信息矩阵 $\boldsymbol{M}$ 包含了变量之间的非线性相关性，而传感器变量之间的非线性和非单调性关系在多变量工业过程中是普遍存在的。互信息 $\boldsymbol{I}$ 根据实值概率密度函数进行估计，对数据特征（如连续、离散或混合）没有要求，互信息矩阵 $\boldsymbol{M}$ 的计算对变量的联合分布或变量之间的关系不作任何先验假设，这使该技术在工业过程控制应用中具有很大潜力。不同数据分布下，2 个变量的相关性（棕色/实下画线数值）与互信息（红色/虚下画线数值）对比如图 7.2 所示，由图可见，上面一行 2 个变量之间呈线性关系，相关性与互信息均不为 0；下面一行两变量之间呈非线性关系，对于相关性为 0 的数据分布，其互信息值不为 0，且大于相关性的值，这正是工业过程中非线性特性所期望的（见书末彩插）。

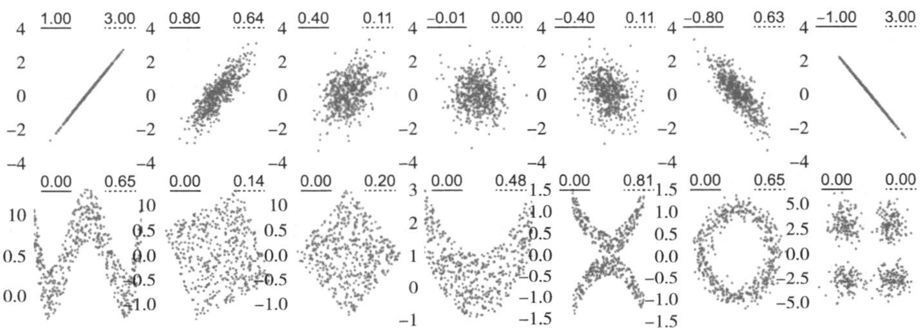

图 7.2　基于经典香农熵函数估计的离散互信息与相关性的对比

图 7.2 在 500 个样本上利用公式 $H(x)=-\sum_{x\in \boldsymbol{x}} p(x)\log_2 p(x)$ 计算。每个散点子图对应一个特定的双变量分布，变量之间的相关性以棕色值（左）表示，而 MI 以红色值（右）表示。顶行表示 MI 和相关性都能检测到的线性关系，底行表示相关性为 0，但 MI 大于 0 的数据分布。

在滑动窗内定义检测指标 $\boldsymbol{\Theta}^k=[\mu_k|\nu_k|\zeta_k|\gamma_k]^{\mathrm{T}}\in\mathbf{R}^{4m}$，包含转换元矩阵的统计特征一阶统计量

$$\mu_k=\mathrm{E}(t^k), \tag{7.12}$$

二阶统计量

$$\boldsymbol{\nu}_k=\mathrm{E}[(t^k-\mu_k)^2], \tag{7.13}$$

三阶统计量

$$\boldsymbol{\zeta}_k=\mathrm{E}\left[\left(\frac{t^k-\mu_k}{\sigma_k}\right)^3\right], \tag{7.14}$$

四阶统计量

$$\boldsymbol{\gamma}_k=\mathrm{E}\left[\left(\frac{t^k-\mu_k}{\sigma_k}\right)^4\right]-3, \tag{7.15}$$

即

$$\boldsymbol{\mu}_k=\frac{1}{w}\sum_{i=0}^{w-1} t^{k-i}\in\mathbf{R}^{1\times m}, \tag{7.16}$$

$$\boldsymbol{\nu}_k = \frac{1}{w}\sum_{i=0}^{w-1}(t^{k-i} - \mu_k)^2 \in \mathbf{R}^{1\times m}, \tag{7.17}$$

$$\boldsymbol{\zeta}_k = \frac{1}{w\sigma_k^3}\sum_{i=0}^{w-1}(t^{k-i} - \mu_k)^3 \in \mathbf{R}^{1\times m}, \tag{7.18}$$

$$\boldsymbol{\gamma}_k = \frac{1}{w\sigma_k^4}\sum_{i=0}^{w-1}(t^{k-i} - \mu_k)^4 - 3 \in \mathbf{R}^{1\times m}, \tag{7.19}$$

进而计算转换元统计指标的均值 $\boldsymbol{\Theta}_\mu$， 标准差 $\boldsymbol{\Theta}_\sigma = \mathrm{diag}(\sigma_1, \sigma_2, \cdots, \sigma_{4m})$。需要注意的是，在线检测过程是采用训练集的一阶统计量 μ_i 的均值 $\mu^* = E[\mu_{i,\ train}]$ 计算检测指标 $\boldsymbol{\Theta}_{test}^k = [\mu_k | \nu_k | \zeta_k | \gamma_k]^{\mathrm{T}} \in \mathbf{R}^{4m}$。当故障发生时，这些统计量会偏离预期。

多变量过程监控中，根据相似性度量进行故障检测。给定 $\boldsymbol{\Theta}^k$，k 时刻的相似性指标为：

$$D^k = \| \boldsymbol{\Theta}_\sigma^{-1}(\boldsymbol{\Theta}^k - \boldsymbol{\Theta}_\mu) \|_p, \tag{7.20}$$

其中，统计指标的均值为 $\boldsymbol{\Theta}_\mu$， 标准差为 $\boldsymbol{\Theta}_\sigma = \mathrm{diag}(\sigma_1, \sigma_2, \cdots, \sigma_{4m})$，$\sigma_i (i = 1, 2, \cdots, 4m)$ 为训练集指标 $\boldsymbol{\Theta}_{train}^i$ 每一列的标准差，$\|\cdot\|_p$ 表示 p －范数，可选 L_1 范数 $\|\cdot\|_1$、L_2 范数 $\|\cdot\|_2$ 和∞范数 $\|\cdot\|_\infty$。监控阈值 D_{cl} 是根据经验法则取工业过程中监测置信度为 η 时的相似性指标值，η 可以不同流程工业过程的敏感度和容错性进行选择和设定[159]。

基于互信息矩阵投影的多变量过程监控方法，包括离线建模环节（算法 1）和在线监控环节（算法 2）：

算法 1　基于 PMIM 的故障检测(离线训练)

输入：过程测量 $\aleph = \{\boldsymbol{x}^i \mid \boldsymbol{x}^i \in \mathbf{R}^m\}_{i=1}^n$；滑动窗大小 w；显著性水平 η；

输出：转换元的均值 μ^*；检测指标的标准差 $\boldsymbol{\Theta}_\sigma$、参考均值 $\boldsymbol{\Theta}_\mu$；

For　i=1:n

基于 $\aleph_{train}$ 由公式(7.9)构建监测时刻 i 的时间拓扑矩阵 $\boldsymbol{X}_{train}^i \in \mathbf{R}^{w\times m}$；

由公式(7.10)构建工业监测时刻 i 的变量互信息矩阵 $\boldsymbol{M}_{train}^i \in \mathbf{R}^{m\times m}$；

在互信息矩阵 M_{train}^i 特征空间投影，由公式(7.11)提取转换元矩阵 $\boldsymbol{T}_{train}^i \in \mathbf{R}^{w\times m}$；

由公式（7.16）－公式（7.18）计算各阶统计量，并构建检测指标 $\boldsymbol{\Theta}_{train}^i = [\mu_i | \nu_i | \zeta_i | \gamma_i]^{\mathrm{T}} \in \mathbf{R}^{4m}$；

End for

计算转换元的均值 $\mu^* = E[\mu_{i,train}]$、标准差 $\boldsymbol{\Theta}_\sigma$、参考均值 $\boldsymbol{\Theta}_\mu$；

For　i=1:n

9　$D_{train}^{i} = \|\boldsymbol{\Theta}_{\sigma}^{-1}(\boldsymbol{\Theta}_{train}^{i} - \boldsymbol{\Theta}_{\mu})\|_{p}$；

10　End for

11　根据经验法则确定置信度为 η 时的监控阈值 D_{cl}；

12　返回 μ^{*}、$\boldsymbol{\Theta}_{\sigma}$、$\boldsymbol{\Theta}_{\mu}$、$D_{cl}$.

算法 2　基于 PMIM 的故障检测(在线监控)

输入：在线过程测量 $\{x_{test}^{1}, x_{test}^{2}, x_{test}^{3}\cdots\}$；滑动窗大小 w；转换元均值 μ^{*}；

　　标准差 $\boldsymbol{\Theta}_{\sigma}$、参考均值 $\boldsymbol{\Theta}_{\mu}$；控制阈值 D_{cl}；

输出：报警与否的决策

1　While 过程进行中

2　基于在线过程测量由公式(7.8)构建监测时刻 i 的时间拓扑矩阵 $\boldsymbol{X}_{test}^{i} \in \mathbf{R}^{w\times m}$；

3　由公式(7.9)构建工业监测时刻 i 的变量互信息矩阵 $\boldsymbol{M}_{test}^{i} \in \mathbf{R}^{m\times m}$；

4　在互信息矩阵 $\boldsymbol{M}_{train}^{i}$ 特征空间投影，由公式(7.10)提取转换元矩阵 $\boldsymbol{T}_{test}^{i} \in \mathbf{R}^{w\times m}$；

5　根据转换元均值 μ^{*} 构建检测指标 $\boldsymbol{\Theta}_{test}^{i} = [\mu_{i} \mid \nu_{i} \mid \zeta_{i} \mid \gamma_{i}]^{\mathrm{T}} \in \mathbf{R}^{4m}$；

6　根据训练集检测指标的 $\boldsymbol{\Theta}_{\mu}$、$\boldsymbol{\Theta}_{\sigma}$ 计算相似性指标 $D_{test}^{i} = \|\boldsymbol{\Theta}_{\sigma}^{-1}(\boldsymbol{\Theta}_{test}^{i} - \boldsymbol{\Theta}_{\mu})\|_{p}$；

7　IF　$D_{test}^{i} \geqslant D_{cl}$ 则

8　进行故障报警；

9　辨识导致故障产生的根变量；

10　Else

11　$i = i + 1$；返回步骤 2；

12　End if

13　End while

14　返回决策

7.4　关于 PMIM 算法的实现与探讨

本节阐述了 PMIM 算法的实现细节。参考文献 [32，163]，基于具有时间动力学的仿真过程进行讨论：

$$\boldsymbol{x} = \boldsymbol{A}\boldsymbol{s} + \boldsymbol{e}, \tag{7.21}$$

其中，$\boldsymbol{x} \in \mathbf{R}^{m}$ 是过程测量，$\boldsymbol{s} \in \mathbf{R}^{r}\,(r < m)$ 是数据源，$\boldsymbol{e} \in \mathbf{R}^{m}$ 是噪声，$\boldsymbol{A} \in \mathbf{R}^{m\times r}$ 是列满秩的系数矩阵。

假设数据源满足以下关系：

$$s_{i}^{k} = \sum_{j=1}^{l} \beta_{i,\,j} \upsilon_{i}^{k-j+1}, \tag{7.22}$$

其中，s_i^k 是k 时刻的第i 个过程变量，υ_i^{k-j+1} 是$k-j+1$ 时刻具有时间独立性的第i 个高斯数据源，$\beta_{i,j}$ 是权值系数，$l\geqslant 2$。显然，$\boldsymbol{x}$ 和$\boldsymbol{s}$ 均是与时间相关的变量。

考虑传感器偏差①引起的故障：

$$\boldsymbol{x}^*=\boldsymbol{x}+\boldsymbol{f}, \tag{7.23}$$

其中，$\boldsymbol{x}^*$ 是传感器偏差下的测量值，$\boldsymbol{x}$ 为无故障部分。下面将讨论故障$\boldsymbol{f}$ 对基于矩阵 Rényi 的α-熵函数的影响。

基于矩阵 Rényi 的α-熵函数是对熵的非参数估计，对于具有w 个实值的第p 维变量，其将投影到具有无限可分核的 RKHS② 中可得到k 时刻 Gram 矩阵$\boldsymbol{K}\in\mathbf{R}^{w\times w}$：

$$\boldsymbol{K}_{x_p}=\begin{bmatrix} 1 & \exp\left(-\frac{(x_p^{k-w+1}-x_p^{k-w+2})^2}{2\sigma^2}\right) & \cdots & \exp\left(-\frac{(x_p^{k-w+1}-x_p^{k})^2}{2\sigma^2}\right) \\ \exp\left(-\frac{(x_p^{k-w+2}-x_p^{k-w+1})^2}{2\sigma^2}\right) & 1 & \cdots & \exp\left(-\frac{(x_p^{k-w+2}-x_p^{k})^2}{2\sigma^2}\right) \\ \vdots & \vdots & & \vdots \\ \exp\left(-\frac{(x_p^{k}-x_p^{k-w+1})^2}{2\sigma^2}\right) & \exp\left(-\frac{(x_p^{k}-x_p^{k-w+2})^2}{2\sigma^2}\right) & \cdots & 1 \end{bmatrix}, \tag{7.24}$$

归一化 Gram 正定矩阵$\boldsymbol{K}$，即$\boldsymbol{K}=\dfrac{\boldsymbol{K}}{\mathrm{tr}(\boldsymbol{K})}$。需要注意的是，核函数映射可以理解为一种高阶统计量的计算手段③。

---

① 其他故障类型，如传感器精度下降故障$\boldsymbol{x}^*=\eta\boldsymbol{x}$、增益下降故障$\boldsymbol{x}^*=\boldsymbol{x}+\xi_m\boldsymbol{e}^{[s]}$、附加过程故障$\boldsymbol{x}=\boldsymbol{A}\,(\boldsymbol{s}+\xi_m\boldsymbol{f}^{[p]}\,)+\boldsymbol{e}$ 和动态变化故障$\tilde{\beta}=\beta+\Delta\beta$ 也可以类似地分析。

② 参考文献［182，185］，本书使用 RBF 核函数

$$G_\sigma\,(\cdot)=\exp\left(-\frac{\|\cdot\|^2}{2\sigma^2}\right),$$

计算 Gram 矩阵。

③ RBF 核函数的泰勒展开为：

$$\kappa(\boldsymbol{x}^i,\ \boldsymbol{x}^j)=\exp(-\gamma\|\boldsymbol{x}^i-\boldsymbol{x}^j\|^2)$$
$$=\exp(-\gamma\boldsymbol{x}^{i2})\exp(-\gamma\boldsymbol{x}^{i2})\left(1+\frac{2\gamma\boldsymbol{x}^i\boldsymbol{x}^j}{1!}+\frac{(2\gamma\boldsymbol{x}^i\boldsymbol{x}^j)^2}{2!}+\frac{(2\gamma\boldsymbol{x}^i\boldsymbol{x}^j)^3}{3!}+\cdots\right),$$

其中，$\gamma=\dfrac{1}{2\sigma^2}$。

假设故障 $\boldsymbol{f}$ 发生在变量 $\boldsymbol{x}_p$ 上时，

$$\boldsymbol{x}_p^* = \boldsymbol{x}_p + \boldsymbol{f}，\boldsymbol{f} = \{f^{k-w+1}，f^{k-w+2}，\cdots，f^k\}，$$

变量 $\boldsymbol{x}_p$ 的 Gram 矩阵 $\boldsymbol{K}$ 为：

$$\begin{aligned}\exp\left(-\frac{\| x_p^{i*} - x_p^{j*} \|^2}{2\sigma^2}\right) &= \exp\left(-\frac{[(x_p^i + f^i) - (x_p^j + f^i)]^2}{2\sigma^2}\right) \\ &= \exp\left(-\frac{[(x_p^i - x_p^j) + (f^i - f^i)]^2}{2\sigma^2}\right) \\ &= \exp\left(-\frac{(x_p^i - x_p^j)^2}{2\sigma^2}\right)\exp\left(-\frac{(x_p^i - x_p^j)(f^i - f^i)}{2\sigma^2}\right)\exp\left(-\frac{(f^i - f^i)^2}{2\sigma^2}\right),\end{aligned} \tag{7.25}$$

其中，i 和 j 是时间指标。因此，新的 Gram 矩阵 $\boldsymbol{K}_{x_p}^*$ 为：

$$\boldsymbol{K}_{x_p}^* = \boldsymbol{K}_{x_p} \circ \boldsymbol{K}_{<x_p,\ f>} \circ \boldsymbol{K}_f, \tag{7.26}$$

其中，

$$\boldsymbol{K}_{<x_p, f>} = \begin{bmatrix} 1 & \exp\left(-\frac{(x_p^{k-w+1} - x_p^{k-w+2})(f^{k-w+1} - f^{k-w+2})}{\sigma^2}\right) & \cdots & \exp\left(-\frac{(x_p^{k-w+1} - x_p^k)(f^{k-w+1} - f^k)}{\sigma^2}\right) \\ \exp\left(-\frac{(x_p^{k-w+2} - x_p^{k-w+1})(f^{k-w+2} - f^{k-w+1})}{\sigma^2}\right) & 1 & \cdots & \exp\left(-\frac{(x_p^{k-w+2} - x_p^k)(f^{k-w+2} - f^k)}{\sigma^2}\right) \\ \vdots & \vdots & & \vdots \\ \exp\left(-\frac{(x_p^k - x_p^{k-w+1})(f^k - f^{k-w+1})}{\sigma^2}\right) & \exp\left(-\frac{(x_p^k - x_p^{k-w+2})(f^k - f^{k-w+2})}{\sigma^2}\right) & \cdots & 1 \end{bmatrix}, \tag{7.27}$$

和

$$\boldsymbol{K}_f = \begin{bmatrix} 1 & \exp\left(-\frac{(f^{k-w+1} - f^{k-w+2})^2}{2\sigma^2}\right) & \cdots & \exp\left(-\frac{(f^{k-w+1} - f^k)^2}{2\sigma^2}\right) \\ \exp\left(-\frac{(f^{k-w+2} - f^{k-w+1})^2}{2\sigma^2}\right) & 1 & \cdots & \exp\left(-\frac{(f^{k-w+2} - f^k)^2}{2\sigma^2}\right) \\ \vdots & \vdots & & \vdots \\ \exp\left(-\frac{(f^k - f^{k-w+1})^2}{2\sigma^2}\right) & \exp\left(-\frac{(f^k - f^{k-w+2})^2}{2\sigma^2}\right) & \cdots & 1 \end{bmatrix}。 \tag{7.28}$$

当故障为微小故障时，$f^i - f^j \approx 0$，方程（7.28）退化为单位矩阵，方程（7.25）近似为 $K_{x_p}^* \approx K_{x_p} \circ K_{<x_p,\ f>}$。以实验部分 5.1 的仿真数据为例，当 $\boldsymbol{f}$ 发生在变量 $\boldsymbol{x}_1$ 上时，正常过程变量 $\boldsymbol{x}_1$ 和故障过程变量 $\boldsymbol{x}_1^*$ 的 Gram 矩

阵分别为 K_{x_1} 和 $K_{x_1}^*$， Gram 矩阵及其特征谱如图 7.3 所示，可见故障的发生会导致 Gram 矩阵及特征谱的变化，进而影响变量的熵函数计算。微小故障导致特征谱的变化，进而影响熵的值。

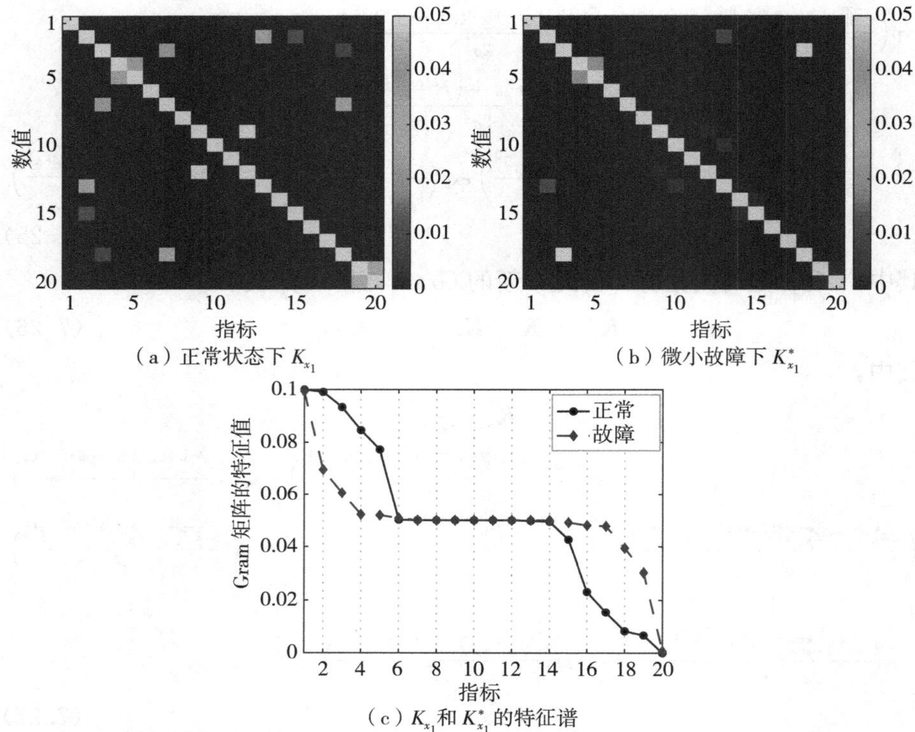

（a）正常状态下 K_{x_1}

（b）微小故障下 $K_{x_1}^*$

（c）K_{x_1}和 $K_{x_1}^*$ 的特征谱

图 7.3　正常及故障状态下（归一化）Gram 矩阵及其特征谱的表示

进一步，关于第 p 个变量 $\boldsymbol{x}_p$ 和第 q 个变量 $\boldsymbol{x}_q$ 之间的互信息变化，假设传感器偏差发生在第 p 个变量上，即 $\boldsymbol{x}_p^*$，则 $I(\boldsymbol{x}_p;\boldsymbol{x}_q)$ 和 $I(\boldsymbol{x}_p^*;\boldsymbol{x}_q)$ 的不同是：

$$\begin{aligned}
\Delta I(\boldsymbol{x}_p^*;\boldsymbol{x}_q) &= I(\boldsymbol{x}_p^*;\boldsymbol{x}_q) - I(\boldsymbol{x}_p;\boldsymbol{x}_q) \\
&= [H_\alpha(\boldsymbol{A}_p^*) + H_\alpha(\boldsymbol{A}_q) - H_\alpha(\boldsymbol{A}_p^*,\boldsymbol{A}_q)] - [H_\alpha(\boldsymbol{A}_p) + \\
&\quad H_\alpha(\boldsymbol{A}_q) - H_\alpha(\boldsymbol{A}_p,\boldsymbol{A}_q)] \\
&= H_\alpha(\boldsymbol{A}_p^*) - H_\alpha(\boldsymbol{A}_p^*,\boldsymbol{A}_q) - H_\alpha(\boldsymbol{A}_p) + H_\alpha(\boldsymbol{A}_p,\boldsymbol{A}_q) \\
&= \frac{1}{1-\alpha}\log_2\left[\frac{\sum_{i=1}^{w}\lambda_i(\boldsymbol{A}_p^*)^\alpha \sum_{i=1}^{w}\lambda_i\left(\frac{\boldsymbol{A}_p\circ\boldsymbol{A}_q}{\mathrm{tr}(\boldsymbol{A}_p\circ\boldsymbol{A}_q)}\right)^\alpha}{\sum_{i=1}^{w}\lambda_i(\boldsymbol{A}_p)^\alpha \sum_{i=1}^{w}\lambda_i\left(\frac{\boldsymbol{A}_p^*\circ\boldsymbol{A}_q}{\mathrm{tr}(\boldsymbol{A}_p^*\circ\boldsymbol{A}_q)}\right)^\alpha}\right],
\end{aligned} \tag{7.29}$$

其中，$\lambda_i(\boldsymbol{A})$ 是矩阵 $\boldsymbol{A}$ 的第 i 个特征值。

同样，以 7.5.1 小节中的仿真数据为例，故障 $\boldsymbol{f}$ 发生在变量 $\boldsymbol{x}_1$ 上，通过比较正常状态和故障状态下的 MI 矩阵，如图 7.4 所示，可以观察到所有与有关的行列（互信息矩阵中第一行和第一列）互信息值均发生了变化，如正常状态下互信息的值是 2.51，但在故障状态下变为 2.67。这一结果说明故障的诱因是变量 1，也说明对互信息矩阵进行投影对故障检测是具有可行性的。图中变化部分用红色矩形框粗黑线矩形框标记，只有与 $\boldsymbol{x}_1$ 相关 MI 值发生改变（见书末彩插）。

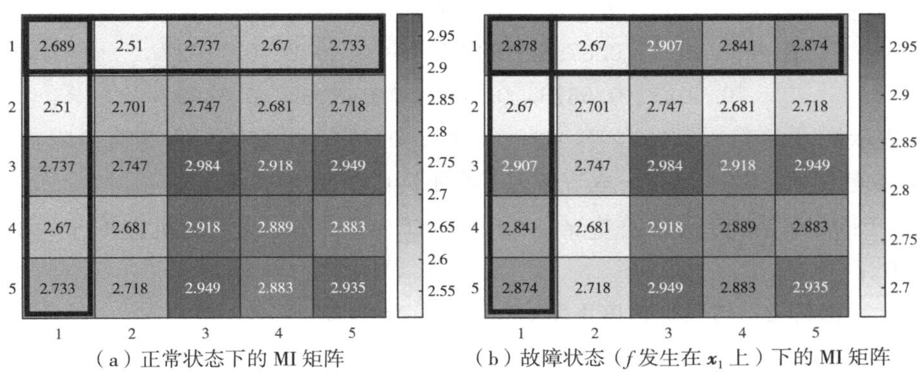

（a）正常状态下的 MI 矩阵　　（b）故障状态（f 发生在 $\boldsymbol{x}_1$ 上）下的 MI 矩阵

图 7.4　正常及故障状态下的互信息矩阵

7.5　实验验证与分析

在本节中，对仿真数据和田纳西伊士曼过程（TEP）数据进行了实验，以验证所提出的 PMIM 方法的故障检测性能，并评估了 PMIM 方法在不同超参数设置方面的鲁棒性。将采用 2 个常用的指标进行性能评估，即故障检测率（FDR）和误警率（FAR），显然，更高的 FDR 和更低的 FAR 是我们所期望的。

7.5.1　数值仿真实验验证

受参考文献［16，24-25］启发，考虑一个由下式生成的多变量非线性过程：

$$\begin{bmatrix} x_1 \\ x_2 \\ x_3 \\ x_4 \\ x_5 \end{bmatrix} = \begin{bmatrix} 0.2183 & -0.1693 & 0.2063 \\ -0.1972 & 0.2379 & 0.1736 \\ 0.9037 & -0.1530 & 0.6373 \\ 0.1146 & 0.9528 & -0.2624 \\ 0.4173 & -0.2485 & 0.8325 \end{bmatrix} \begin{bmatrix} s_1^2 \\ s_2 s_3 \\ s_3^3 \end{bmatrix} + \begin{bmatrix} e_1 \\ e_2 \\ e_3 \\ e_4 \\ e_5 \end{bmatrix},$$

其中，$s_i^k = \sum_{j=1}^{l} \beta_{i,j} \upsilon_i^{k-j+1}$，$\upsilon$ 表示 3 个均值为 $[0.3, 2.0, 3.1]^{\mathrm{T}}$、标准差为 $[1.0, 2.0, 0.8]^{\mathrm{T}}$ 的独立高斯分布数据源，权重矩阵

$$\boldsymbol{\beta} = \begin{bmatrix} 0.6699 & 0.0812 & 0.5308 & 0.4527 & 0.2931 \\ 0.4071 & 0.8758 & 0.2158 & -0.0902 & 0.1122 \\ 0.3035 & 0.5675 & 0.3064 & 0.1316 & 0.6889 \end{bmatrix},$$

$\boldsymbol{e}$ 表示标准差为 $[0.061, 0.063, 0.198, 0.176, 0.170]^{\mathrm{T}}$ 的高斯白噪声。同参考文献 [32，163]，本节考虑 4 个不同的故障类型：

- 故障 1：传感器偏差 $\boldsymbol{x}^* = \boldsymbol{x} + \boldsymbol{f}$，$f = 5.6 + \boldsymbol{e}$，$\boldsymbol{e}$ 随机选取于 $[0, 1.0]$；
- 故障 2：传感器精度下降 $\boldsymbol{x}^* = \eta \boldsymbol{x}$，$\eta = 0.6$；
- 故障 3：过程故障 $\boldsymbol{s}^* = \boldsymbol{s} + f$，$f = 1.2$；
- 故障 4：动态变化 $\tilde{\boldsymbol{\beta}} = \boldsymbol{\beta} + \Delta\boldsymbol{\beta}$，$\Delta\boldsymbol{\beta}_3 = [-0.825, 0.061, 0.662, -0.820, 0.835]$，$\boldsymbol{\beta}_3$ 为 $\boldsymbol{\beta}$ 的第 3 行。

训练集有 10 000 个样本，测试集有 4000 个样本。所有的故障均在第 1000 个样本后引入，为简便起见，假设传感器故障发生在变量 $\boldsymbol{x}_1$ 上，过程故障发生在 $\boldsymbol{s}_1$ 上。仿真实验可验证以下 3 个问题：

①MI 能否在不同测量的维度之间表现出比经典相关系数更复杂的依赖性？

②使用 PMIM 的故障检测对超参数设置是否稳健及超参数如何影响 PMIM 的性能？

③PMIM 是否优于现有的最先进的基于窗口的故障检测方法？

7.5.1.1 互信息与 Person's 相关系数

首先证明在 2 个变量相关性（尤其是非线性）方面，MI 优于 Pearson 相关系数 γ。直观上，如果 2 个随机变量是线性相关的，它们应该有很大的

γ^2（$\gamma^2>0.6$）和大的 MI①（但无法直接比较 γ^2 与 MI 的大小）。但是，如果以非线性方式相关，则应该具有较大的 MI 但较小的 γ^2（$\gamma^2\leqslant 0.6$）[169]。另一方面，2 个变量永远不会有大的 γ^2、小的 MI，因为线性相关是最一般的依赖关系。因此，与 Pearson 相关系数相比，MI 是能够衡量相关性的更优指标。下面用一个简单的仿真验证这一论点。

选择训练集中的前 4000 个样本，以窗口大小 100 计算数据中的 MI 和 γ^2，最终可得 3601 组 MI 和 γ^2。本章使用基本香农熵函数和基于矩阵的 Rényi 的 α-熵函数来估计 MI。对于 Shannon 熵函数，将连续变量以箱体宽度为 5 等长离散化进行分布估计。MI（y 轴）和 γ^2（x 轴）的值分布散点图如图 7.5 所示。可以看出仿真数据中存在较强的非线性依赖性。以图 7.5（b）为例，可以观察到当 $\gamma^2=0.6$ 时，最小的 MI 为 0.37。因此，可认为 MI$\geqslant$0.37 表示强相关性。注意到在 0.37$\leqslant$MI$\leqslant$1.2 和 $\gamma^2\leqslant 0.6$ 区域中有相当多的点，表明非线性相关性在这一过程中占主导地位。

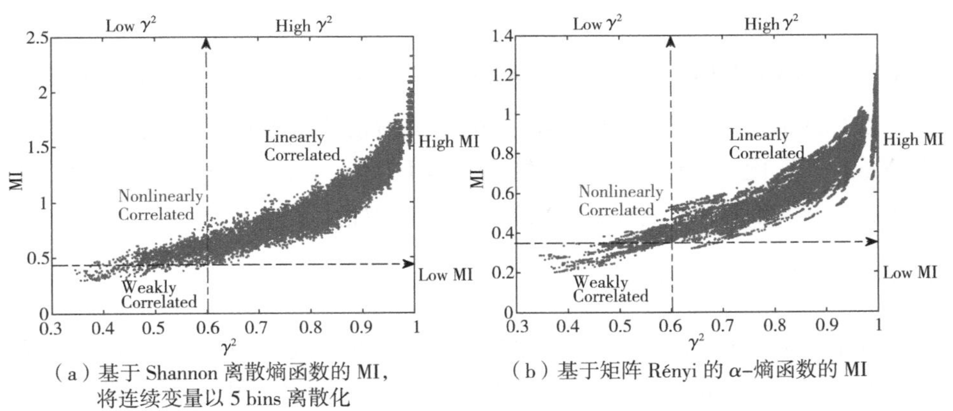

（a）基于 Shannon 离散熵函数的 MI，将连续变量以 5 bins 离散化

（b）基于矩阵 Rényi 的 α-熵函数的 MI

图 7.5　Pearson 相关系数 γ^2 与互信息 MI 对比

此外，为了定量证明 MI 矩阵在包含非线性的故障检测方面优于协方差矩阵，基于 PCA 的故障检测方法中使用 MI 矩阵代替基本的协方差矩阵，记为 MI-PCA，包括 MI-PCA$_{\text{Shannon}}$ 和 MI-PCA$_{\text{Rényi}}$。在 PCA 和 MI-PCA 中均

① 一般来说，$\gamma^2>0.3$ 表示中等程度线性相关，$\gamma^2>0.6$ 表示强线性相关[169,187]，但是对于 MI 什么时候构成强依赖性性，目前几乎没有参考文献明确指出[33]。因为 MI 没有上限，不同的估计可得到不同的 MI 值。因此，如果相应的 γ^2（$\gamma^2>0.6$）表示“强”线性依赖，可认为对应的 MI 值是“较大”的。

采用 Hotelling T^2 和平方预测误差（SPE）进行性能评估。FDR 和 FAR 的性能如图 7.6 所示。关于 T^2 作为监控指标时，MI-PCA 具有相同甚至更高的 FDR 值，不过 FAR 值要小得多。在 SPE 作为监控指标时，虽然传统 PCA 的 FAR 较小，但其结果毫无意义。事实上，如果深入观察，PCA 的 FDR 几乎为零，表明传统 PCA 检测失效。

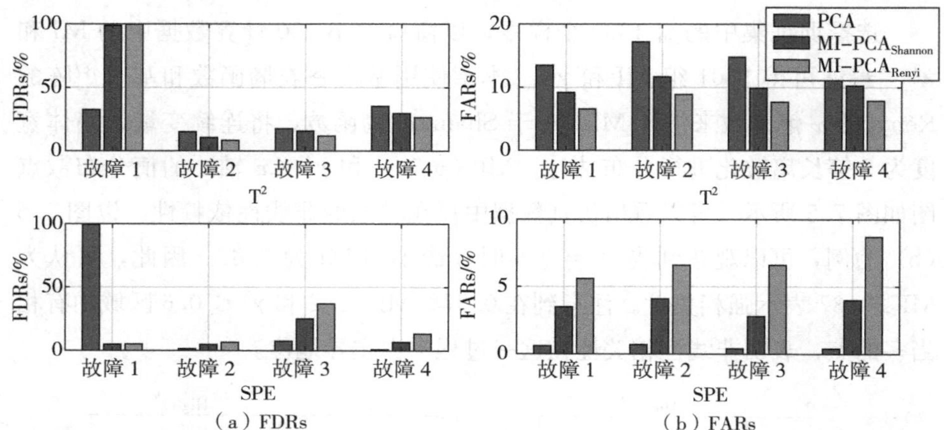

(a) FDRs　　(b) FARs

图 7.6　PCA 和 MI-PCA 在 FDR（越大越好）和 FAR（越小越好）方面的性能比较

以 Shannon 熵和基于矩阵 Rényi 的 α-熵所估计的 MI 矩阵分别替换基于 PCA 的故障检测中的协方差矩阵，MI-PCA$_{Shannon}$、MI-PCA$_{Rényi}$，使用 Hotelling T^2 和平方预测误差（SPE）作为监控指标。

7.5.1.2　超参数分析

本小节将分析 PMIM 中 3 个超参数——熵的阶数 α、核大小 σ 和滑动窗的长度 w，对性能的影响。以具有时间相关性的动态变化故障为例，即故障类型 IV。关于本章方法不同超参数的 FDR 和 FAR 性能如图 7.7 至图 7.9 所示。

熵的阶数 α 取值的选择与目标任务相关。如果对数据分布的尾部或多种模态较为关注，α 应小于 2，但如果表征模态行为，α 应该大于 2。$\alpha=2$ 为折中标准[182—188]。不同 α 值的检测性能如图 7.7 所示，其中 $\alpha\in\{0.1, 0.2, 0.3, 0.4, 0.5, 0.6, 0.7, 0.8, 0.9, 1, 1.1, 1.2, 1.3, 1.4, 1.5, 2, 3, 5\}$。相似度计算分别采用 l_∞ 和 l_2 范数进行对比，窗口大小取 100。可以看出，FDR 值总是大于 99.5%，表明 FDR 对 α 的变化不太敏感。另一方面，FAR 值在 $\alpha\in[0.5, 1.2]$ 范围内保持稳定，但当 $\alpha\geqslant 2$ 时突然增加到

25%甚至更高。因此，对于PMIM，建议 α 取值在 [0.5，1.2] 范围内。相似度D的计算分别采用 l_∞ 和 l_2 范数进行对比，窗口大小取100。

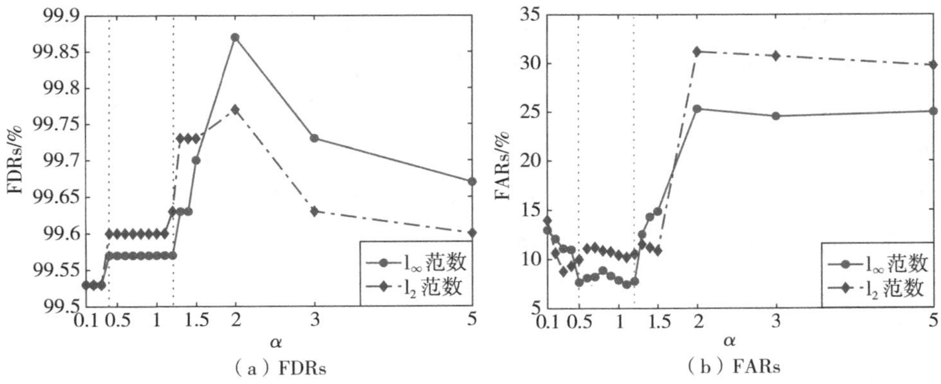

（a）FDRs　　（b）FARs

图7.7　不同 α 值的检测性能

核大小 σ 控制着估计算子的大小，可根据密度估计的Silverman's经验法则或者其他启发式方法（所有数据对欧氏距离范围的10%到30%[59]）选取。如从图逼近论的角度，标准化后数据的核大小 σ 取值范围可以是(0.21，1.33)，不同 α 和 σ 的检测性能如图7.8所示，$\sigma \in$ {0.1，0.2，0.3，0.4，0.5，0.6，0.7，0.8，0.9，1，5，10，24，50，100}（以对数显示）和 $\alpha \in$ {0.4，0.5，0.6，0.7，0.8，0.9，1，1.1，1.2，1.5}。根据图7.8，FDR总是大于99.20%，而FAR对 σ 更敏感，当 σ 在0.5周围时，FAR达到其最小值，当 $\sigma \in$ [1，100] 时，FAR呈现增长趋势。为了获得更高的FDR和更低的FAR，建议PMIM算法中 σ 取值范围为在 [0.4，1]。$\sigma \in$ {0.1，0.2，0.3，0.4，0.5，0.6，0.7，0.8，0.9，1，5，10，24，50，100}（以对数显示），相似度D的计算采用 l_2 范数。

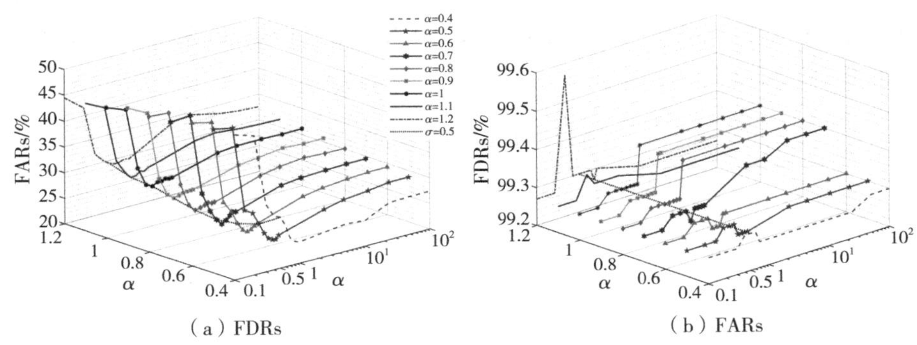

（a）FDRs　　（b）FARs

图7.8　固定 α，σ 不同时的检测性能

如果滑动窗 w 太大，可能违反（潜在的）过程平稳性假设。这种情况下，特征谱平稳且对分布的突然变化不太敏感，这可能导致检测能力降低或 FDR 值降低。另一方面，在非常小的窗口下，MI 估计不可靠（由于样本有限），并且时滞矩阵可能受环境噪声支配会导致高 FAR 值。根据图 7.9，当 $w \in [50, 120]$ 时 FDR 平稳；当 $w \geqslant 120$ 时 FDR 随着窗口长度的增加而减小。相比之下，FAR 对 w 更敏感，但 l_2 和 l_∞ 范数下的变化模式并不一致。本章后续实验选择 $w=100$，因为它是对 FDR 和 FAR 取值的折中情况。相似度 D 的计算分别采用 l_∞ 和 l_2 范数进行对比。

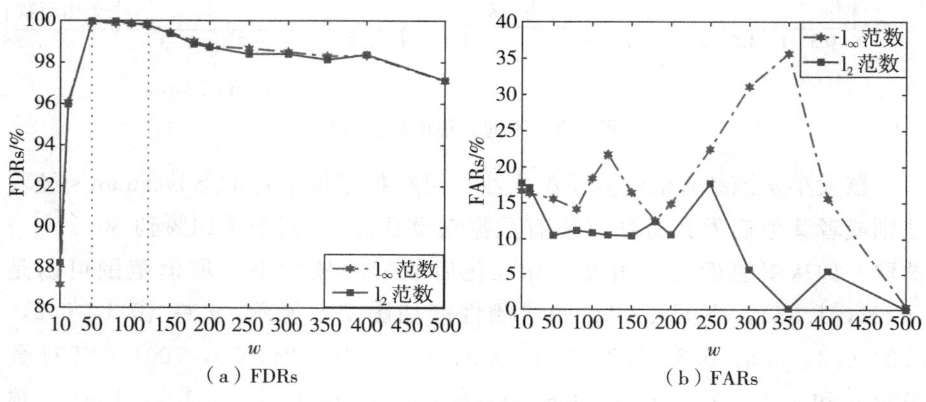

图 7.9　w 不同值的检测性能

7.5.1.3　与当前方法的对比

将本章提出的 PMIM 算法与当前较为常用的基于窗口的数据驱动故障检测方法进行比较，即 DPCA[30]、SPA[159]、RTCSA[32] 和 RDTCSA[163]。其中，PMIM 的超参数设置为 $\alpha=1.01$、$\sigma=0.5$ 和 $w=100$。DPCA 使用 90%的累积百分比确定主变量个数。RTCSA、RDTCSA 和 PMIM 的检测性能如表 7.1 和表 7.2 所示。

表 7.1　仿真过程中不同方法的故障检测率汇总

故障类型	DPCA		SPA		RTCSA	RDTCSA	PMIM
	T^2	SPE	D_r	D_p			
1	51.17	99.70	0.80	2.80	88.43	91.01	91.57
2	21.23	21.0	2.40	6.67	82.50	100	99.63
3	33.10	99.83	0.77	7.37	96.60	96.83	97.50

续表

故障类型	DPCA		SPA		RTCSA	RDTCSA	PMIM
	T^2	SPE	D_r	D_p			
4	81.23	85.57	29.13	99.13	99.70	99.70	99.87
平均值	46.68	76.53	8.28	29.0	91.81	96.89	97.14

表 7.2　仿真过程中不同方法的故障误检率汇总

故障类型	DPCA		SPA		RTCSA	RDTCSA	PMIM
	T^2	SPE	D_r	D_p			
1	17.37	18.28	0.22	10.32	6.22	3.11	1.78
2	20.2	19.44	0	0	4.67	1.44	5.01
3	18.28	15.53	0	9.54	4.88	3.65	2.77
4	19.44	17.92	0	15.54	11.88	15.53	2.77
平均值	18.81	17.79	0.055	8.85	6.91	5.93	3.08

T^2 表示 Hotelling T^2 统计量；SPE 表示平方预测误差；D_r 和 D_p 分别表示 SPA 框架中统计模式（SP）的 SPE 和 T^2。SPA 的统计量为均值、方差、偏度和峰度。DPCA、SPA 和 RDTCSA 的时滞分别为 2、1 和 1，窗口长度为 100。RTCSA、RDTCSA 和 PMIM 使用 l_2 范数作为标量。显著性水平为 5%。

7.5.2　TE 过程实验验证

本实验仍采用 Braatz 等开发的 Simulink 生成的闭环仿真数据验证本章节所提出的 PMIM 方法的有效性[61-63]。使用 22 个连续过程测量（采样间隔 3 min）和 11 个操作变量（采样间隔 6～15 min 不等）33 维的输入数据。为了获得可靠的显著性水平，我们生成了 200 h 的训练数据（4000 个样本）和 100 h 的测试数据（2000 个样本）。测试数据中故障于 20 h 后发生。

首先，正常状态、故障 1（阶跃故障）和故障 14（黏滞故障）的互信息矩阵如图 7.10 所示，右侧为对角线上向量的箱线图。显然，正常状态下不同时刻的互信息矩阵几乎不变；但是故障的发生将导致在互信息矩阵出现不同的联合或边缘分布。通过比较正常状态、故障状态的对角线上的箱线图，即熵的变化，可以发现不同类型的故障产生的变化不同，故障 14 比故障 1

的箱线图中有更多的离群值（“+”符号绘制）。

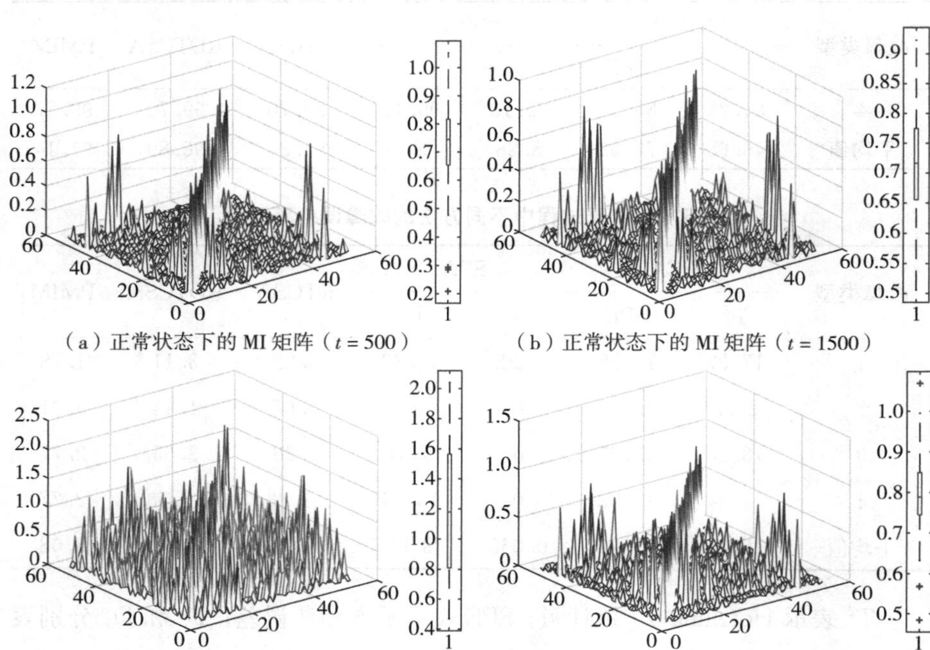

（a）正常状态下的 MI 矩阵（$t = 500$）

（b）正常状态下的 MI 矩阵（$t = 1500$）

（c）故障14下的 MI 矩阵（$t = 500$）

（d）故障14下的 MI 矩阵（$t = 1500$）

图 7.10　TE 过程中正常及故障状态下的互信息矩阵可视化

其次，监测变量和其余变量之间的互信息平均值如图 7.11 所示。如图 7.11（a）所示，箱线图的晶体变宽，75 分位数变大，这表明故障 1 可能是一个阶跃变化。实际上，故障 1 确实引起了流 4 的阶跃变化，反应物 A、B 和 C 的进料变化对过程监控造成了总体影响。相比之下，故障 14 是由反应堆冷却阀的黏滞变化引起，相关变量为变量 9、21 和 32。根据图 7.11（b），确实存在 3 个离群值（“+”符号绘制）分别对应于第 9、21 和 32 维变量。换句话说，变量 9、21 和 32 的变化恰好是导致互信息矩阵发生变化的驱动力。从这个意义上讲，本章方法对故障诱因的辨识有一定的指导意义，是可解释的。需要注意的是，故障检测的可解释性有利于故障隔离[189] 和恢复[190] 相关的研究。

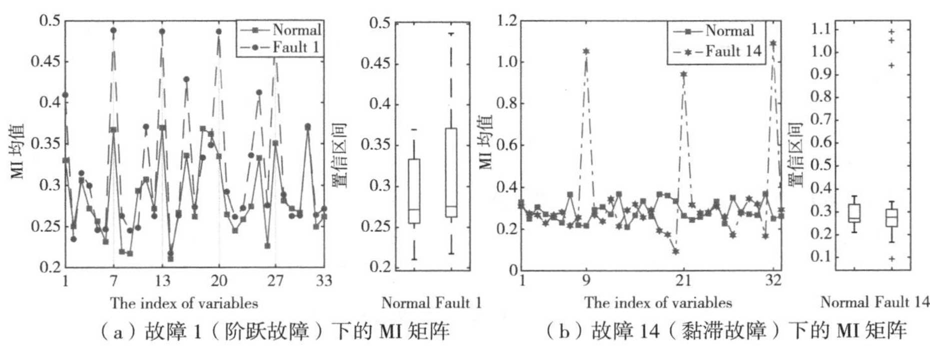

（a）故障 1（阶跃故障）下的 MI 矩阵　　（b）故障 14（黏滞故障）下的 MI 矩阵

图 7.11　TE 过程中不同故障状态下互信息矩阵的均值变化

在不失一般性的前提下，采用经验法则确定同一置信水平下不同 MSPM 方法的控制阈，选择滑动窗长度 100，不同方法的平均故障检测率和故障误警率如表 7.3 和表 7.4 所示。从表 7.3 可以看出，本章所提出的（简记 PMIM）的故障检测率整体较为满意，可以检测大多数故障，并且在不同类型的故障中保持稳定。

表 7.3　TE 过程中不同方法的故障检测率汇总

故障类型	DPCA		SPA		RTCSA	RDTCSA	PMIM
	T^2	SPE	D_r	D_p			
1 Step	99.91	99.94	99.88	99.81	99.62	99.56	99.69
2 Step	99.19	98.88	99.12	99.12	98.50	98.69	98.31
4 Step	11.63	100	16.50	100	98.38	99.44	99.56
5 Step	14.94	28.56	19.50	87.81	99.88	97.25	77.38
6 Step	99.50	100	13.63	13.63	100	99.94	100
7 Step	100	100	44.12	100	100	100	100
8 Random	98.88	93.63	99.12	99.12	97.88	97.75	98.62
10 Random	21.69	51.62	59.56	88.12	96.63	37.38	96.06
11 Random	36.88	95.44	99.69	100	96.25	92.94	99.0
12 Random	99.38	97.31	99.31	99.31	99.38	99.50	100
13 Show drift	98.56	92.31	98.31	100	97.88	98.0	98.25
14 Sticking	99.88	99.94	99.94	99.94	99.88	99.88	99.88
16 Unknown	15.37	52.38	63.56	91.81	99.75	79.31	99.50
17 Unknown	87.19	98.31	98.0	99.31	97.81	97.75	97.88

续表

故障类型	DPCA		SPA		RTCSA	RDTCSA	PMIM
	T^2	SPE	D_r	D_p			
18 Unknown	94.56	95.75	93.81	95.56	93.75	93.69	94.69
19 Unknown	48.25	49.75	29.38	99.62	100	97.19	78.19
20 Unknown	47.38	61.31	96.19	96.75	96.69	95.81	96.31

表 7.4　TE 过程中不同方法的故障误检率汇总

FAR/%	DPCA		SPA		RTCSA	RDTCSA	PMIM
	T^2	SPE	D_r	D_p			
Normal	2.05	3.95	4.73	5.96	2.89	3.63	1.18

从表 7.4 可以看出，PMIM 及参考方法的故障误警率均接近于显著性水平，甚至相对于基于协方差矩阵的转换元方法（RTCSA，RDTCSA），PMIM 的误警率更低，证明互信息在捕获变量相关性方面的优越性。

由于互信息矩阵包含了时间拓扑矩阵中任意 2 个变量之间的非线性相关性，这是优于协方差矩阵的，从检测率上看，PMIM 的性能也在多数情况下优于基于协方差矩阵的转换元方法（RTCSA，RDTCSA）。尽管本技术的检测率在阶跃故障 5 和未知故障 19 上相对较低，但随着滑动窗尺寸的增大，这 2 种故障中的检测性能会得到显著提高，如图 7.12 所示（见书末彩插）。

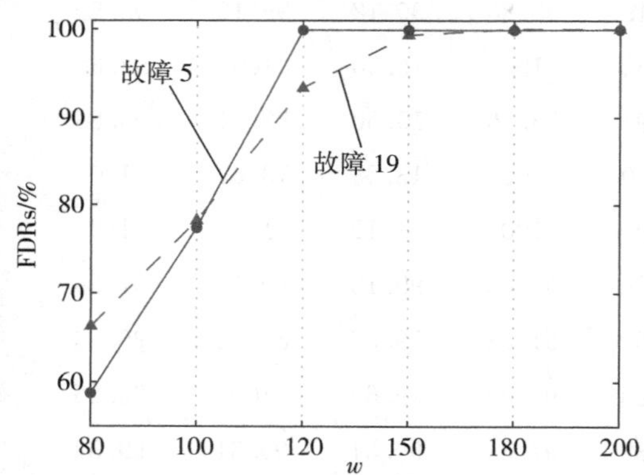

图 7.12　TE 过程中不同窗口长度下故障 5 及 19 的检测性能变化

$w \in \{80, 100, 120, 150, 180, 200\}$

此外，由于滑动窗的使用，检测延迟是基于窗口的多变量统计方法的常见缺点，以故障 1 为例，本技术与基于协方差矩阵的转换元方法（RTCSA，

RDTCSA）的检测性能如图 7.13 所示（将过渡阶段中的故障检测率简记为 TFDR，越高越好）。TFDR 是指过渡阶段的 FDR 值。TFDR 越高，所用方法的性能越好。PMIM 具有最低的 FAR 和最高的 TFDR，这表明 PMIM 对故障 1 的敏感性比 RTCSA 和 RDTCSA 更高。所提出的方法的检测延迟仅为 4 个样本，这在基于窗口的方法中是可以接受的（见书末彩插，彩插中 RTCSA、RDTCSA 和 PMIM 的方法分别用蓝色、红色和黄色标记）。

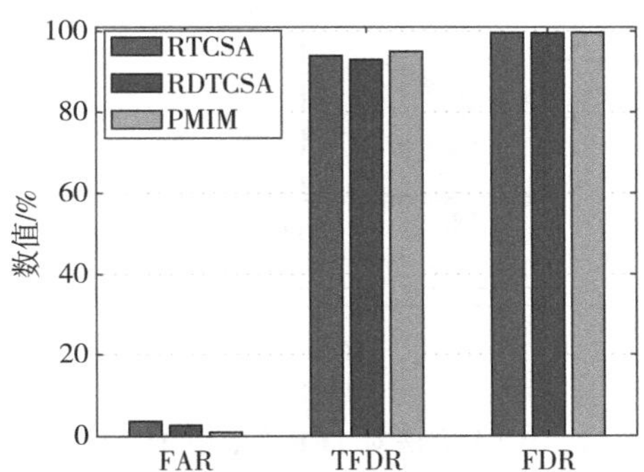

图 7.13　TE 过程中故障 1 的 TCSA 方法检测性能对比

为了通过更一般的数据验证所提出的 PMIM 方法的有效性，使用最基本的 TEP 基准集：http://web.mit.edu/braatzgroup/links.html。960 个样本用作测试数据。故障在 8 h 后发生，对应于第 161 个样本。滑动窗口的长度为 100，则对应于第 61（RTCSA，PMIM）和 60（RDTCSA）个时滞矩阵。以故障 21 为例，RTCSA、RDTCSA 和 PMIM 的检测性能如图 7.14 所示。3 种方法的 FAR 分别为 1.67%（RTCSA）、27.87%（RDTCSA）和 0%（PMIM）。显然，本章方法具有最低的 FAR。事实上，RTCSA 在第 85 个样本处检测到故障，检测延迟为 24 个样本；PMIM 在第 69 个样本处检测到故障，检测延迟仅为 8 个样本；RDTCSA 在第 42（故障发生前 18 个样本）个样本处误报警。

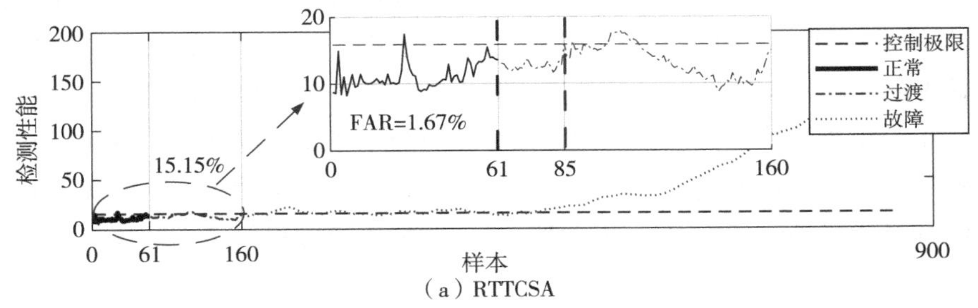

(a) RTTCSA

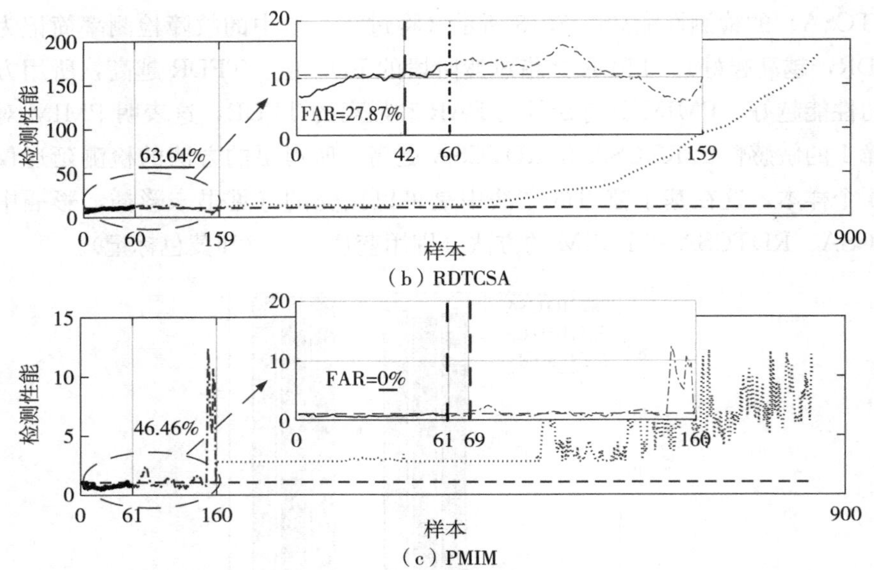

图 7.14　TCSA 方法对 TEP 中故障 21 的检测性能

故障发生于第 61（RTCSA、PMIM）/第 60（RDTCSA）个测量，用黑线标记。过渡阶段的 FDR 值用粉红色标记。绿线表示检测为故障的第一个样本（见书末彩插）。

7.6　本章小结

本章结合信息论提出了一种新的基于互信息矩阵的故障检测方法。之前，大多数基于信息论的故障检测方法使用互信息作为相关性度量以选择信息量最大的维度进行降维，而本章并不用互信息进行特征选择，构建了一个互信息矩阵量化数据维度之间的非线性相关性。

给定一个 m 维的流程工业过程，互信息矩阵是一个 $m\times m$ 的矩阵，其中第（i，j）个元素表示第 i 列变量和第 j 列变量之间的互信息。采用基于矩阵 Rényi 的 α-熵函数估计互信息矩阵中的每个互信息值，通过对（归一化的）正定矩阵的特征谱进行操作，该算子避免了概率密度计算，适用于流程工业过程。通过监测基于互信息矩阵转换元的不同阶统计量，以转换元的高阶统计量构成检测指标进行相似性度量，监控连续过程的变化，这一方法称为互信息矩阵投影（PMIM）。

在仿真数据和 TE 过程基准集上的实验验证了基于 PMIM 的故障检测方法在提高故障检测率和降低误警率方面的优越性，而且验证本章方法能够快速检测过程的潜在分布变化，指出其在识别引发故障的根变量方面的可解释性。通过分析超参数（熵的阶数 α、核大小 σ 和滑动窗长度 w ）对 PMIM 性能的影响说明本章方法的参数鲁棒性，并对 FAR 和 FDR 的折中给出指导。

需要注意的是，互信息矩阵是分析高维多变量时间序列关联性的一种强大工具，可以在信号处理、经济学和其他科学学科中广泛应用，但仍有很多特点、特性和优势需要进一步探究。本章工作仅是非参数相关性度量（尤其是互信息矩阵）在工业过程控制应用的第一步。我们将继续朝着这个方向努力，提高此类方法的性能，并在理论方面取得突破。

第八章　总结与展望

本章首先总结了全书的主要研究内容，然后分析了数据驱动下故障诊断领域中亟待研究的若干挑战性课题。

8.1　研究总结

为了提高过程的安全性和产品的质量，在过去几十年里，过程监控无论是在学术界还是工业界都受到了极大的关注。随着分布式控制系统的广泛使用和先进信息技术的实施，数据驱动的故障诊断技术为复杂系统的安全性提供了重要的技术支撑。深度学习技术是目前在各个领域内均有良好应用前景的一类数据表示学习方法，已经得到许多工业过程控制领域研究人员的广泛关注。在对现有数据驱动下工业过程故障诊断方法进行梳理和分析的基础上，针对工业过程中存在的多模态、非线性、动态性及微小故障等问题，全书基于栈式自编码网络开展了相关研究，并取得了以下成果。

①鉴于传统神经网络由于其训练方法的不足造成误差弥散，从而导致在实际应用中并不能实现多隐层的网络结构学习，将深度学习技术应用于工业过程，提出了基于栈式自编码网络的故障诊断技术。该技术采用栈式稀疏自编码网络对过程变量进行特征提取，结合 Softmax 分类器进行故障的检测与故障类别的辨识。受益于栈式自编码网络的强大学习能力，工业过程数据中的隐含特征可以被有效地提取并表征，提高了故障的检测准确率，特别是对于难以用传统技术检测的微小故障，检测效果具有明显的提升，这是因为故障的细节和微小变化可能反映在栈式自编码网络提取的高阶相关性特征中。

②为了探究栈式自编码网络在故障诊断上的可解释性，从函数逼近论角度阐述了栈式稀疏自编码网络的结构：利用多重的非线性映射与优化的组合实现复杂函数的逼近。鉴于系统运行中连续的观测量通常是序列相关的，提

出了一种基于加权序列的栈式自编码网络故障诊断技术。该技术采用时间拓扑结构延展对连续过程的样本点进行平滑去噪，并加权区分历史数据对当前样本的重要性影响，旨在通过栈式自编码网络提取数据中的变量互相关性和时间相关性，以此提高对动态过程数据中信息的利用度，减少对故障信息的丢失。

③为了探究栈式自编码网络对于微小故障的检测能力，从多项式泰勒展开的角度解释自编码网络对高阶相关性特征的表达能力，证明了多层泰勒网络可以有效逼近光滑的 Sigmoid 函数，并结合泰勒展开的高阶项 $o(x^n)$ 论证栈式自编码网络对细节特征的表示学习能力。鉴于动态过程中样本的时间最近邻并不一定是其空间最近邻，在不增加栈式自编码网络复杂度的前提下研究动态过程的数据表示问题，提出了结合动态估计的栈式自编码网络故障诊断技术。该技术首先以当前数据点的前 k 个最近邻对其进行估计利用动态过程的时间相关性，估计不仅可以保持原始数据的可分离性，而且可以增加类别之间的可区分距离；然后由多隐层的栈式稀疏自编码网络通过多个非线性变换的组合进行特征的表示学习。

④由于浅层架构在计算表示方面是低效的，针对传统的多元统计分析技术在过程控制领域难以利用高阶信息的不足，提出了一种基于高阶相关性的故障诊断技术。该技术首先结合栈式稀疏自编码网络的多隐层结构建立多级学习框架，逐层学习监控变量之间相关性：堆叠的层数越多，特征表示的非线性越强，阶数越高；其次，针对提取的分级特征提出 3 个监测指标 SRE、M^2 和 C，分层监控系统运行过程是否保持在控制范围内。这些指标的变化趋势对于故障类型的识别具有一定的指导意义。该技术在训练阶段只使用正常数据，可以避免数据类别之间的不平衡问题。

⑤考虑动态过程中在线数据的重要性，提出了一种基于栈式自编码网络的阈值自适应多模态过程监控技术。不同于传统的过程监控方法，该技术基于一个综合的栈式自编码网络框架对模态的模式特征与故障的细节性变化进行表示学习，整合多模态辨识和故障检测，降低了多模态过程模型切换的代价和复杂度。通过改进的指数加权平均控制图算法实现监控统计量的自适应更新，充分利用在线数据对模型的影响，结合过程运行的实际变化，在提高多模态之间的可分性的同时，表现出了优越的故障检测性能。此外，从函数重构的角度，基于 Sigmoid 激活函数的重建对自编码网络的结构进行几何解释，进一步分析自编码网络对平滑函数近似的有效性及其表示学习能力。

⑥首次将基于矩阵 Rényi 的 α-熵函数的互信息矩阵计算用于流程工业故障诊断，提出了一种基于互信息矩阵投影的多变量过程监控方法，在（正则化的）正定矩阵的特征谱上进行估计可以弥补流程工业难以实时计算概率密度函数的不足，通过监测基于互信息矩阵转换元的不同阶统计量，以转换元的高阶统计量构成检测指标进行相似性度量，监控连续过程的变化，同时不受工业过程中样本标签不足、数据不均衡等因素的影响。

本书分别利用数值仿真、Tennessee Eastman 过程和 Metal Etch 过程等案例研究验证了所提出方法的有效性。

8.2 研究展望

随着工业信息技术和自动化技术的快速发展，对故障检测与诊断算法的需求和要求日益提高。针对多模态工业过程，数据驱动的过程控制方法在不断地涌现、发展和完善。本书从数据表示学习的角度，利用深度学习算法与统计分析技术的结合对模态辨识、故障检测和诊断等问题进行了初步的研究和探讨，其中还存在许多未完善的地方。为了进一步提高系统的安全稳定运行，提升数据驱动下过程监测领域的发展，未来尝试从以下几个方面进一步完善这部分研究内容：

①现有的多模态过程监测方法大多假定批次运行是同步的，然而因外部或客观环境的差异，工业生产过程不可能完全重复运行，只能保持基本操作的一致性。本书中尝试在一个综合的监控框架下实现对模态的辨识和故障的诊断，避免了多模型切换的代价。事实上，多模态过程是一个基本模态上的差异性变化过程，若能够在过程监控过程中除去基本模态，利用各模态之间的差异信息实现对多模态过程的精准辨识，可以进一步降低过程监控模型的复杂度，这是值得深入研究的一个问题。

②过渡模态是模态间的演变切换过程，模态跨度、过渡率大小等因素均会影响过渡模型的建立。过渡模态的变化规律不明确，极易发生故障，故障演变又反向受模态转换信息的干扰与影响，很难进行直接区分，使得针对稳定模态的传统统计建模方法无法直接用于过渡模态的建模和监测。因此，研究过渡模态下的异常监控具有重要的应用价值。

③闭环反馈在抑制系统性能下降时，反馈补偿可能增加系统的容错性，

甚至淹没微小故障对系统产生的影响。鉴于非线性系统的输入与残差之间难以完全解耦，导致故障经闭环反馈后影响系统状态和输出变量，又由于闭环系统的结构不确定性而作用于残差，造成误检测和误诊断。因此，亟待分析故障信号与反馈控制之间的机制关系，利用潜在的故障信息降低反馈控制对随机信号的影响。

④伴随增强智能、云计算等技术的发展，大数据背景下如何有效地存储复杂系统的海量数据，发展和优化数据表示学习方法，成为工业过程控制领域的首要问题。大数据分析的核心是重点解决在有限时间内用现有方法所不能及时处理的问题，如多模态工业中因工况切换导致过程控制模型重建的代价问题、工业过程中不同类别故障之间的数据不均衡问题等。因此，如何实现对多变量工业过程的可视化监控和实时、准确的应急调控是过程控制领域的又一挑战。特别地，在线数据不仅反映了系统当前运行状态中的最新变化，而且包含了生产运行过程的累积关联性，如何快速、精准分析和有效约简在线数据，实现复杂动态系统模型参数自适应更新是一个挑战性的难点。

⑤大型复杂工业系统往往具有动态性、不确定性和多故障并发性等，若只采用单一的故障诊断技术，就会存在精度低、泛化能力弱等问题，难以取得满意的诊断效果。因而，可以通过多元统计分析、信号处理、机器学习等技术之间的差异性和互补性，研究多技术融合的故障诊断方法，有效地提高故障诊断系统的敏感性、鲁棒性和精确性，降低其不确定性，在进行故障源定位的同时估计故障的严重程度，真正使理论研究与实际的工业工程化应用相结合。

附　录

为了复现第七章结果，本部分提供了 PMIM 的关键代码（基于 MATLTB 2019a）。“mutual information estimation. m”为基于矩阵的互信息估计（6），其中“gaussianMatrix. m”为基于核函数的 Gram 矩阵计算（7. 18），“MI matrix. m”为互信息矩阵的计算，“MITCSA. m”为相似度指标的计算（7. 14）。

（1） mutual information estimation. m

```
function mutual_information =
mutual_information_estimation(variable1,variable2,sigma,alpha)
%    variable 1 is i-th dimensional of the process measurement (i-th variable)
%    variable 2 is j-th dimensional of the process measurement (j-th variable)
%% estimate entropy for variable 1
K_x = real(guassianMatrix(variable1,sigma))/size(variable1,1);
[~, L_x] = eig(K_x);
lambda_x = abs(diag(L_x));
H_x = (1/(1-alpha))*log((sum(lambda_x.^alpha)));

%% estimate entropy for variable 2
K_y = real(guassianMatrix(variable2,sigma))/size(variable2,1);
[~, L_y] = eig(K_y);
lambda_y = abs(diag(L_y));
H_y = (1/(1-alpha))*log((sum(lambda_y.^alpha)));

%% estimate joint entropy H(X,Y)
K_xy = K_x.*K_y.*size(variable1,1);
[~,L_xy] = eig(K_xy);
lambda_xy = abs(diag(L_xy));
H_xy =    (1/(1-alpha))*log( (sum(lambda_xy.^alpha)));

%% estimate mutual information I(X;Y)
mutual_information = H_x + H_y - H_xy;

end
```

(2) gaussianMatrix. m

```
function K = guassianMatrix(X,sigma)
G = X*X';
K = bsxfun(@minus, 2*G, diag(G)');
K = exp((1/(2*sigma^2))*bsxfun(@minus, K, diag(G)));

end
```

(3) MI matrix. m

```
function MImatrixcell = MI_matrix(data,sigma,alpha,MIsize)
% Input:
%         data is the sample matrix X
%         MIsize is the length of sliding window
%         alpha is the entropy order
%         sigma is the kernel size
% Output:
%         MImatrixcell is a series of mutual information(MI) matrix over the
whole process
[nums nums_vars]=size(data);
[Data, av, st]=zscore(data);
for k=1:nums-MIsize+1
    dydata=Data(k:k+MIsize-1,:);
%   MImatrix is the MI matrix at time instant k
     for i=1:nums_vars
              for j=i:nums_vars
                     MImatrix(i,j) =
mutual_information_estimation(dydata(:,i),dydata(:,j),sigma,alpha);
                     MImatrix(j,i) = MImatrix(i,j);
              end
     end
   MImatrixcell{1,k} = MImatrix;
end

end
```

(4) MITCSA. m

```
function Di = MITCSA(data,MImatrixcell,MIsize)
% Input:
%          data is the sample matrix X
%          MIdata is the MI matrix of data
%          MIsize is the length w of sliding window
% Output:
%          Di is the similarity index
for i=1:length(MImatrixcell)
      MImatrix=MImatrixcell{1,i};
%    Eigen-decomposition of the mutual information(MI) matrix
      [Vet C]=eig(MImatrix,'vector');
% The MI based transform components(TCs)
      T=data{1,i}*Vet;
% The statistic of TCs
      Mu(i,:) = mean(T);% mean
      V(i,:) = sum((T-Mu(i,:)).^2)/MIsize; % variance
      S1(i,:)= sum((T-Mu(i,:)).^3)/MIsize;
      K1(i,:)= sum((T-Mu(i,:)).^4)/MIsize;
      S(i,:) = S1(i,:)./(V(i,:).^(3/2)); % skewness
      K(i,:) = K1(i,:)./(V(i,:).^2)-3;      % kurtosis
end
Oo = [Mu,V,S,K];
Mu_mu = mean(Mu);% the reference mean
Oo_mu = mean(Oo);
Oo_sv = std(Oo,1);
% The calculation of the similarity index
for i=1:length(MImatrixcell)
          D1 = Oo(i,:)-Oo_mu;
          D = D1./(Oo_sv);
          Di(1,i) = norm(D,inf);
end

end
```

缩写、符号、术语表

Artificial Neuron Network, ANN	人工神经网络
Back Propagation, BP	反向传播
Dynamic Principal Components Analysis, DPCA	动态主成分分析
Dynamic Independent Components Analysis, DICA	动态独立成分分析
Extreme Learning Machine, ELM	极限学习机
Fault Alarm Rate, FAR	故障误警率
Fault Detection Rate, FDR	故障检测率
Fisher Discriminative Analysis, FDA	Fisher 判别分析
Fault Detection Based on kNN, FD-kNN	基于 k 近邻的故障检测
Fault Principal Components Analysis, FPCA	故障主成分分析
Higher-order Cumulants Analysis, HCA	高阶累积量分析
Hotelling's T^2	T^2 统计量
Independent Component Analysis, ICA	独立成分分析
k Nearest Neighbor, kNN	k 近邻
Kernel Density Estimation, KDE	核密度估计
Random Projection Based on kNN, RP-kNN	基于 k 近邻的随机投影
Stacked Sparse Auto Encoder, SSAE	栈式稀疏自编码
Subspace Aided Approach, SAP	子空间辅助方法
Square of Residuals-based Error, SRE	重建误差平方
Sparse Representation Preserving Embedding, SRPE	稀疏表示保持嵌入
Squared Prediction Error, SPE	平方预测误差
Support Vector Machine, SVM	支持向量机
Structural SVM, SSVM	结构支持向量机
Tennessee Eastman Process, TEP	田纳西伊士曼过程
Total Projection to Latent Structures, TPLS	潜空间投影
One-class SVM, OCSVM	一类支持向量机

Partial Least Square, PLS	偏最小二乘法
Principal Components Analysis, PCA	主成分分析
PCA Based kNN, PCA-kNN	基于主成分分析的 k 近邻
Metal Etch Process, MEP	金属蚀刻过程
Miss Alarm Rate, MAR	漏检率
Modified PLS, MPLS	改进的偏最小二乘法
Modified ICA, MICA	改进的独立成分分析
Neighborhood Preserving Embedding, NPE	邻域保持嵌入
Non-negative Matrix Factorization, NMF	非负矩阵分解
NMF With Sparseness Constraints, NMFSC	稀疏限制下的非负矩阵分解
Upper Control Limit, UCL	控制上限
Weighted Time Series Deep Learning, WTDL	加权时间序列深度学习
Mutual Information, MI	互信息
Symmetric Positive Definite Matrix, SPD	对称正定矩阵
Transformed Components, TCs	转换元
Projections of Mutual Information Matrix, PMIM	互信息矩阵投影

参考文献

[1] 周东华，胡艳艳. 动态系统的故障诊断技术[J]. 自动化学报，2009，35(6)：748-758.

[2] 中华人民共和国国务院. 国家中长期科学和技术发展规划纲要（2006—2020 年）[EB/OL]. (2006-02-09)[2022-09-27]. https://www.gov.cn/gongbao/content/2006/content_240244.htm.

[3] 工业和信息化部. 工业和信息化部印发《高端装备制造业"十二五"发展规划》[EB/OL]. (2012-05-07)[2022-06-01]. https://www.miit.gov.cn/jgsj/ghs/gzdt/art/2020/art_6dd077331b154cffbaba3ba40fc8ac27.html.

[4] 文成林，吕菲亚，包哲静，等. 基于数据驱动的微小故障诊断方法综述[J]. 自动化学报，2016，42(9)：1285-1299.

[5] GERTLER J. Fault detection and diagnosis[M]. London：Springer-verlag，2013.

[6] 张杰，阳宪惠. 多变量统计过程控制[M]. 北京：化学工业出版社，2000.

[7] VENKATASUBRAMANIAN V，RENGASWAMY R，YIN K W，et al. A review of process fault detection and diagnosis part Ⅰ：quantitative model-based methods[J]. Computers and chemical engineering，2003，27(3)：293-311.

[8] VENKATASUBRAMANIAN V，RENGASWAMY R，KAVURI S N. A review of process fault detection and diagnosis part Ⅱ：qualitative models and search strategies[J]. Computers and chemical engineering，2003，27(3)：313-326.

[9] VENKATASUBRAMANIAN V，RENGASWAMY R，KAVURI S N，et al. A review of process fault detection and diag-nosis part Ⅲ：process history based methods[J]. Computers and chemical engineering，2003，27(3)：327-346.

[10] 周东华,刘洋,何潇. 闭环系统故障诊断技术综述[J]. 自动化学报,2013,39(11):1933-1943.

[11] 刘强,柴天佑,秦泗钊,等. 基于数据和知识的工业过程监视及故障诊断综述[J]. 控制与决策,2010,25(6):801-807.

[12] 周东华,孙优贤. 控制系统的故障检测与诊断技术[M]. 北京:清华大学出版社,1994.

[13] 闻新,张洪钺,周露. 控制系统的故障诊断和容错控制[M]. 北京:机械工业出版社,2000.

[14] FRANK P M. Analytical and qualitative model-based fault diagnosis-a survey and some new results[J]. European journal of control,1996,2(1):6-28.

[15] MOGENS B, JOCHEN S. Diagnosis and fault-tolerant control[M]. Berlin:Springer-verlag, 2006.

[16] 姜斌,冒泽慧,杨浩. 控制系统的故障诊断与故障调节[M]. 北京:国防工业出版社,2009.

[17] 周东华,叶银忠. 现代故障诊断与容错控制[M]. 北京:清华大学出版社,2000.

[18] 李钢. 工业过程质量相关故障的诊断与预测方法[D]. 北京:清华大学,2010.

[19] 周东华,李钢,李元. 数据驱动的工业过程故障诊断技术[M]. 北京:科学出版社,2011.

[20] 邵晨曦,张俊涛,范金锋,等. 基于定性定量知识的故障诊断[J]. 计算机工程,2006,32(6):189-192.

[21] FRANK P M. Fault diagnosis in dynamic systems using analytical and knowledge-based redundancy: a survey and some new results[J]. Automatica,1990,26(3):459-474.

[22] RICHARD VERNON BEARD. Failure accomodation in linear systems through self-reorganization[D]. Cambridge:Massachusetts Institute of Technology,1971.

[23] 胡静. 基于多元统计分析的故障诊断与质量监测研究[D]. 杭州:浙江大学,2015.

[24] 李晗,萧德云. 基于数据驱动的故障诊断方法综述[J]. 控制与决策,2011,26(1):1-9.

[25] PEARSON K. Principal components analysis[J]. The London, Edinburgh, and Dublin philosophical magazine and journal of science, 1901,6(2):559.

[26] BARTLETT M S. Multivariate analysis[J]. Supplement to the journal of the royal statistical society,1947,9(2):176-197.

[27] WISE B M,RICKER N L,VELTKAMP D F,et al. A theoretical basis for the use of principal component models for monitoring multivariate processes[J]. Process control and quality,1990,1(1):41-51.

[28] HOTELLING H. Multivariate quality control[C]//Techniques of statistical analysis New York,1947:111-184.

[29] MACGREGOR J F, KOURTI T. Statistical process control of multivariate processes[J]. Control engineering practice, 1995, 3(3): 403-414.

[30] KU W,STORER R H,GEORGAKIS C. Disturbance detection and isolation by dynamic principal component analysis[J]. Chemometrics and intelligent laboratory systems,1995,30(1):179-196.

[31] GAJJAR S,KULAHCI M,PALAZOGLU A. Real-time fault detection and diagnosis using sparse principal component analysis[J]. Journal of process control,2018,67:112-128.

[32] SHANG J,CHEN M,JI H,et al. Recursive transformed component statistical analysis for incipient fault detection[J]. Automatica,2017, 80:313-327.

[33] 文成林,胡玉成. 基于信息增量矩阵的故障诊断方法[J]. 自动化学报,2012,38(5):832-840.

[34] ZHOU Z, WEN C L, YANG C J. Fault detection using random projections and k-nearest neighbor rule for semiconductor manufacturing processes[J]. IEEE transactions on semiconductor manufacturing,2015,28(1):70-79.

[35] COMON P. Independent component analysis [J]. Higher-order statistics,1992(1):29-38.

[36] HUANG J, YAN X. Dynamic process fault detection and diagnosis based on dynamic principal component analysis, dynamic independent component analysis and bayesian inference [J]. Chemometrics and intelligent laboratory systems, 2015, 148:115-127.

[37] KANO M, TANAKA S, HASEBE S, et al. Monitoring independent components for fault detection [J]. AIChE journal, 2003, 49 (4): 969-976.

[38] 陈国金,梁军,钱积新. 独立元分析方法(ICA)及其在化工过程监控和故障诊断中的应用[J]. 化工学报,2003,54(10):1474-1477.

[39] LEE J M, YOO C K, LEE I B. Statistical monitoring of dynamic processes based on dynamic independent component analysis [J]. Chemical engineering science, 2004, 59(14):2995-3006.

[40] HUANG J, YAN X. Dynamic process fault detection and diagnosis based on dynamic principal component analysis, dynamic independent component analysis and bayesian inference [J]. Chemometrics and intelligent laboratory systems, 2015, 148:115-127.

[41] ABDI H. Partial least square regression[J]. Encyclopedia for research methods for the social sciences, 2003(1):792-795.

[42] KRESTA J V, MACGREGOR J F, MARLIN T E. Multivariate statistical monitoring of process operating performance[J]. Canadian journal of chemical engineering, 1991, 69(1):35-47.

[43] VIGNEAU E, BERTRAND D, QANNARI E M. Application of latent root regression for calibration in near infrared spectroscopy, comparison with principal component regression and partial least squares[J]. Chemometrics and intelligent laboratory systems, 1996, 35 (2):231-238.

[44] KOMULAINEN T, SOURANDER M, JAMSA-JOUNELA S L. An online application of dynamic PLS to a dearomatization process[J]. Computers and chemical engineering, 2004, 28(12):2611-2619.

[45] ZHANG Y W, ZHOU H, QIN S J, et al. Decentralized fault diagnosis of large-scale processes using multiblock kernel partial least squares [J]. IEEE transactions on industrial informatics, 2010, 6(1): 3-10.

[46] JIA Q, ZHANG Y. Quality-related fault detection approach based on dynamic kernel partial least squares[J]. Chemical engineering research and design, 2016, 106: 242-252.

[47] YIN S, ZHU X, KAYNAK O. Improved pls focused on key performance indicator related fault diagnosis[J]. IEEE transactions on industrial electronics, 2015, 62(3): 1651-1658.

[48] PENG K, ZHANG K, YOU B, et al. A quality-based nonlinear fault diagnosis framework focusing on industrial multimode batch processes [J]. IEEE transactions on industrial electronics, 2016, 63 (4): 2615-2624.

[49] QIAO W, LU D G. A survey on wind turbine condition monitoring and fault diagnosis-part II: signals and signal processing methods[J]. IEEE transactions on industrial electronics, 2015, 62(10): 6546-6557.

[50] KAY S M, MARPLE S L. Spectrum analysis: a modern perspective [J]. Proceedings of the IEEE, 1981, 69(11): 1380-1419.

[51] FENG Z P, CHEN X W, LIANG M. Joint envelope and frequency order spectrum analysis based on iterative generalized demodulation for planetary gearbox fault diagnosis under non-stationary conditions[J]. Mechanical systems and signal processing, 2016, 76: 242-264.

[52] DRAGO R J. Incipient failure detection [J]. Power transmission design, 1979, 21(2): 40-45.

[53] 熊良才，史铁林，杨叔子. 基于双谱分析的齿轮故障诊断研究[J]. 华中科技大学学报(自然科学版)，2001，29(11)：4-5.

[54] XIE S L, ZHANG Y H, XIE Q, et al. Identification of high frequency loads using statistical energy analysis method[J]. Mechanical Systems and Signal Processing, 2013, 35(1/2): 291-306.

[55] BUGHARBEE H A, TRENDAFILOVA I. A new methodology for fault detection in rolling element bearings using singular spectrum

analysis[J]. International journal of condition monitoring,2018,7(2):26-35.

[56] DAUBECHIES I. Ten lectures on wavelets philadelphia[J]. Society for industrial and applied mathematics,1992,61:4.

[57] RUBINI R, MENEGHETTI U. Application of the envelope and wavelet transform analyses for the diagnosis of incipient faults in ball bearings[J]. Mechanical systems and signal processing,2001,15(2):287-302.

[58] ZHAO W,SONG Y H,MIN Y. Wavelet analysis based scheme for fault detection and classification in under-ground power cable systems [J]. Electric power systems research,2000,53(1):23-30.

[59] 李军伟,韩捷,李志农,等 小波变换域双谱分析及其在滚动轴承故障诊断中的应用[J]. 振动与冲击,2006,25(5):92-95.

[60] XU X,XIAO F,WANG S. Enhanced chiller sensor fault detection, diagnosis and estimation using wavelet analysis and principal component analysis methods[J]. Applied thermal engineering,2008, 28(2/3):226-237.

[61] SUGUMARAN V,RAO A V,RAMACHANDRAN K I. A comprehensive study of fault diagnostics of roller bearings using continuous wavelet transform[J]. International journal of manufacturing systems and design,2015,1(1):27-46.

[62] HUANG W,ZHAO X,WANG W,et al. Extraction method of desion rules for fault diagnosis based on rough set theory[J]. Proceedings of the CSEE,2003,11:31.

[63] SU H,LI Q. Substation fault diagnosis method based on rough set theory and neural network model[J]. Power system technology,2005, 16:66-70.

[64] 袁瑗,黄河清. 基于粗糙集辅助推理的故障诊断专家系统[C]//全国自动化新技术学术交流会,2005:255-259.

[65] RENGASWAMY R, VENKATASUBRAMANIAN V. A syntactic pattern-recognition approach for process monitoring and fault diagnosis

[J]. Engineering applications of artificial intelligence, 1995, 8(1): 35-51.

[66] VENKATASUBRAMANIAN V, CHAN K. A neural network methodology for process fault diagnosis [J]. AIChE journal, 1989, 35 (12): 1993-2002.

[67] HOSKINS J C, HIMMELBLAU D M. Artificial neural network models of knowledge representation in chemical engineering[J]. Computers and chemical engineering, 1988, 12(9/10): 881-890.

[68] MCCULLOCH W S, PITTS W. A logical calculus of the ideas immanent in nervous activity[J]. The bulletin of mathematical biophysics, 1943, 5 (4): 115-133.

[69] WATANABE K, MATSUURA I, ABE M, et al. Incipient fault diagnosis of chemical processes via artificial neural networks[J]. AIChE journal, 1989, 35(11): 1803-1812.

[70] CHOW M Y, MANGUM P, THOMAS R J. Incipient fault detection in dc machines using a neural network [C]// The 22nd Asilomar Conference on Signals, Systems and Computers, Pacific Grove, USA, 1988: 706-709.

[71] NARENDRA K G, SOOD V K, KHORASANI K, et al. Application of a Radial Basis Function (RBF) neural network for fault diagnosis in a HVDC system[J]. IEEE Transactions on power systems, 1998, 13910: 177-183.

[72] BHALLA D, BANSAL R K, GUPTA H O. Function analysis based rule extraction from artificial neural networks for transformer incipient fault diagnosis[J]. International journal of electrical power and energy systems, 2012, 43(1): 1196-1203.

[73] ZHANG Z Y, WANG Y, WANG K S. Fault diagnosis and prognosis using wavelet packet decomposition, fourier transform and artificial neural network[J]. Journal of intelligent manufacturing, 2013, 24(6): 1213-1227.

[74] HORNIK K, STINCHCOMBE M, WHITE H. Multilayer feed forward

networks are universal approximators[J]. Neural networks,1989,2(5):359-366.

[75] CORTES C,VAPNIK V. Support-vector networks[J]. Machine learning,1995,20(3):273-297.

[76] 程军圣,于德介,杨宇. 基于内禀模态奇异值分解和支持向量机的故障诊断方法[J]. 自动化学报,2006,32(3):475-480.

[77] WEI C H,TANG W H,WU Q H. A hybrid least-square support vector machine approach to incipient fault detection for oil-immersed power transformer[J]. Electric power components and systems,2014,42(5):453-463.

[78] NAMDARI M,JAZAYERI R H. Incipient fault diagnosis using support vector machines based on monitoring continuous decision functions[J]. Engineering applications of artificial intelligence,2014,28:22-35.

[79] 韩崇昭,朱洪艳,段战胜. 多源信息融合[M]. 2版. 北京:清华大学出版社,2010.

[80] CAI B,LIU Y,FAN Q,et al. Multi-source information fusion based fault diagnosis of ground-source heat pump using bayesian network[J]. Applied energy,2014,114:1-9.

[81] XU A,ZHANG Q. Nonlinear system fault diagnosis based on adaptive estimation[J]. Automatica,2004,40(7):1181-1193.

[82] 朱大奇,于盛林. 基于D-S证据理论的数据融合算法及其在电路故障诊断中的应用[J]. 电子学报,2002,30(2):221-223.

[83] BASIR O,YUAN X. Engine fault diagnosis based on multi-sensor information fusion using dempster-shafer evidence theory [J]. Information fusion,2007,8(4):379-386.

[84] FAN X,ZUO M J. Fault diagnosis of machines based on D-S evidence theory part 1:D-S evidence theory and its improvement[J]. Pattern recognition letters,2006,27(5):366-376.

[85] RUMELHART D E, HINTON G E, WILLIAMS R J. Learning representations by back-propagating errors[J]. Nature,1986,323:533-536.

[86] RAINA R, BATTLE A, LEE H, et al. Self-taught learning: transfer learning from unlabeled data [C]//Proceedings of the 24th international conference on machine learning corvallis, OR, US, 2007: 759-766.

[87] CHANG C H. Deep and shallow architecture of multilayer neural networks[J]. IEEE transactions on neural networks and learning systems, 2015, 26(10): 2477-2486.

[88] HINTON G E, SALAKHUTDINOV R R. Reducing the dimensionality of data with neural networks[J]. Science, 2006, 313(5786): 504-507.

[89] BENGIO Y. Learning deep architectures for AI[J]. Foundations and trends in machine learning, 2009, 2(1): 1-127.

[90] MICHALSKI R S, GARBONELL J G, MITCHELL T M. Machine learning: an artificial intelligence approach [M]. Berlin: Springer science & business media, 2013.

[91] SOCHER R, BENGIO Y, MANNING C D. Deep learning for NLP [C]//Tutorial Abstracts of ACL 2012, New York, USA, 2012: 5.

[92] ALTHOBIANI F, BALL A. An approach to fault diagnosis of reciprocating compressor valves using teager-kaiser energy operator and deep belief networks[J]. Expert systems with applications, 2014, 41(9): 4113-4122.

[93] LV F, WEN C, LIU M, et al. Weighted time series fault diagnosis based on a stacked sparse autoencoder[J]. Journal of chemometrics, 2017, 31(9): e2912.

[94] DOWNS J J, VOGEL E F. A plant-wide industrial process control problem[J]. Computers and chemical engineering, 1993, 17(3): 245-255.

[95] RICKER N L. Optimal steady-state operation of the tennessee eastman challenge process[J]. Computers and chemical engineering, 1995, 19(9): 949-959.

[96] CHIANG L H, RUSSELL E L, BRAATZ R D. Fault detection and diagnosis in industrial systems [M]. Berlin: Springer science and

business media,2000.

[97] SHEN Y,DING S X,HAGHANI A,et al. A comparison study of basic data-driven fault diagnosis and process monitoring methods on the benchmark tennessee eastman process[J]. Journal of process control,2012,22(9):1567-1581.

[98] ZHANG Y. Enhanced statistical analysis of nonlinear processes using KPCA,KICA and SVM[J]. Chemical engineering science,2009,64(5):801-811.

[99] PENG Y,CHEN X,YE Q,et al. Fault detection and classification in chemical processes using nmfsc and structural svms[J]. The canadian journal of chemical engineering,2014,92(6):1016-1023.

[100] HAMILTON J D. Time series analysis[M]. Princeton:NJ,Princeton university press,1994.

[101] AKBARYAN F,BISHNOI P R. Fault diagnosis of multivariate systems using pattern recognition and multisen-sor data analysis technique[J]. Computers and chemical engineering,2001,25(9/10):1313-1339.

[102] BURGES C J C. A tutorial on support vector machines for pattern recognition[J]. Data mining and knowledge discovery,1998,2(2):121-167.

[103] SHIN H J,EOM D H,KIM S S. One-class support vector machines: an application in machine fault detection and classification[J]. Computers and industrial engineering,2005,48(2):395-408.

[104] JOACHIMS T. Making large-scale svm learning practical[R]. Advances in kernel methods-support vector learning,1998,2(1):1-17.

[105] PLATT J C. Sequential minimal optimization:a fast algorithm for training support vector machines[R/OL]. (1998-04-21)[2021-10-11]. https://www. microsoft. com/en-us/research/wp-content/uploads/2016/02/tr-98-14. pdf.

[106] ZHU Z A,CHEN W,WANG G,et al. P-packsvm:Parallel primal gradient descent kernel svm[C]//Data Mining,2009,New York,

USA,2009:677-686.

[107] JOLLIFFE I. Principal component analysis[M]. Berlin: Springer-verlag,1986.

[108] HSU C C,CHEN M C,CHEN L S. A novel process monitoring approach with dynamic independent compo-nent analysis[J]. Control engineering practice,2010,18(3):242-253.

[109] LEE J M,QIN S J,LEE I B. Fault detection and diagnosis based on modified independent component analysis[J]. AIChE journal,2006,52(10):3501-3514.

[110] HE Q P,QIN S J,WANG J. A new fault diagnosis method using fault directions in fisher discriminant analysis[J]. AIChE journal,2005,51(2):555-571.

[111] ZHOU D,LI G,QIN S J. Total projection to latent structures for process monitoring[J]. AIChE journal,2010,56(1):168-178.

[112] YIN S,DING S X,ZHANG P,et al. Study on modifications of pls approach for process monitoring [J]. Threshold, 2011, 2: 12389-12394.

[113] DING S X,ZHANG P,NAIK A,et al. Subspace method aided data-driven design of fault detection and isolation systems[J]. Journal of process control,2009,19(9):1496-1510.

[114] ZHAO C, GAO F. Fault-relevant principal component analysis method for multivariate statistical modeling and process monitoring [J]. Chemometrics and intelligent laboratory systems, 2014, 133: 1-16.

[115] LV F,WEN C,BAO Z,et al. Fault diagnosis based on deep learning [C]//American Control Conference Boston,US,2016:6851-6856.

[116] KOTANI S. On an inverse problem for random schrödinger operators[J]. Contemporary math,1985,41:267-281.

[117] SEXTON R S,DORSEY R E,JOHNSON J D,et al. Using simulated annealing for global optimization for neural networks[J]. Processing annual meeting decisions,1997,1(3):346-348.

[118] SONG B, MA Y, SHI H. Multimode process monitoring using improved dynamic neighborhood preserving embedding [J]. Chemometrics and intelligent laboratory systems, 2014, 135 (14): 17-30.

[119] SONG B, TAN S, SHI H. Time-space locality preserving coordination for multimode process monitoring [J]. Chemometrics and intelligent laboratory systems, 2016, 151: 190-200.

[120] XIAO Z, WANG H, ZHOU J. Robust dynamic process monitoring based on sparse representation preserving embedding[J]. Journal of process control, 2016, 40: 119-133.

[121] ZHANG L, XIONG G, LIU H, et al. Bearing fault diagnosis using multi-scale entropy and adaptive neuro-fuzzy inference[J]. Expert systems with applications, 2010, 37(8): 6077-6085.

[122] LI W, ZHAO C, GAO F. Linearity evaluation and variable subset partition based hierarchical process modeling and monitoring[J]. IEEE transcations on industrial electronics, 2018, 65(3): 2683-2692.

[123] WANG Y, FAN J, YAO Y. Online monitoring of multivariate processes using higher-order cumulants analysis[J]. Industrial and engineering chemistry research, 2014, 53(11): 4328-4338.

[124] MENDEL J M. Tutorial on higher-order statistics spectra in signal processing and system theory: Theoretical results and some applications[J]. Proceedings of the IEEE, 1991, 79(3): 278-305.

[125] BALDI P, HORNIK K. Neural networks and principal component analysis, learning from examples without local minima[J]. Neural networks, 1989, 2(1): 53-58.

[126] JAPKOWICZ N, HANSON S J, GLUCk M A. Nonlinear autoassociation is not equivalent to PCA[J]. Neural computation, 2000, 12 (3): 531-545.

[127] VIDAL R, BRUNA J, GIRYES R, et al. Mathematics of deep learning [EB/OL]. (2017-12-13)[2021-10-10]. https://arxiv. org/pdf/1712. 04741. pdf.

[128] SOATTO S,CHIUSO A. Visual representations:defining properties and deep approximations[C]//ICLR 2016:1-10.

[129] MARTIN N,MAES H. Multivariate analysis[M]. Massachusetts: Academic press,1979.

[130] DEHNAD K. Density estimation for statistics and data analysis[J]. Density estimation,1987,29(4):1-10.

[131] SILVERMAN B W. Density estimation for statistics and data analysis [M]. Britain:Routledge,2018.

[132] METAL E. Metal etch data for fault detection evaluation[C]//Metal Etch 11:1-10.

[133] HE Q P,WANG J. Principal component based k-nearest-neighbor rule for semiconductor process fault detection [C]//American Control Conference Washington,USA,2008:1606-1611.

[134] HE Q P,WANG J. Fault detection using the k-nearest neighbor rule for semiconductor manufacturing processes[J]. IEEE transactions on semiconductor manufacturing,2007,20(4):345-354.

[135] YAN D H,WANG Y J,WANG J,et al. K-nearest neighbor search by random projection forests[J]. IEEE transactions on big data,2021,7(1):147-157.

[136] 周哲. 基于 k 近邻的复杂工业过程故障诊断方法研究[D]. 杭州:浙江大学,2016.

[137] ZHAO C,WANG W,QIN Y,et al. Comprehensive subspace decomposition with analysis of between-mode relative changes for multimode process monitoring [J]. Industrial and engineering chemistry research,2015,54(12):3154-3166.

[138] BENGIO Y,COURVILLE A,VINCENT P. Representation learning: a review and new perspectives [J]. IEEE transactions on pattern analysis and machine intelligence,2012,35(8):1798-1828.

[139] BAKDI A,KOUADRI A. A new adaptive pca based thresholding scheme for fault detection in complex systems[J]. Chemometrics and intelligent laboratory systems,2017,162:83-93.

[140] TONG C,PALAZOGLU A,YAN X. An adaptive multimode process monitoring strategy based on mode cluster-ing and mode unfolding [J]. Journal of process control,2013,23(10):1497-1507.

[141] YU J. Local and global principal component analysis for process monitoring[J]. Journal of process control,2012,22(7):1358-1373.

[142] CHOI S W,MARTIN E B,MORRIS A J,et al. Adaptive multivariate statistical process control for monitoring time-varying processes[J]. Industrial and engineering chemistry research, 2006, 45 (9): 3108-3118.

[143] MACGREGOR J F,KOURTI T. Statistical process control of multivariate processes[J]. Control engineering practice,1995,3(3):403-414.

[144] 葛志强. 复杂工况过程统计监测方法研究[D]. 杭州:浙江大学,2009.

[145] RUSSELL E L,CHIANG L H,BRAATZ R D. Data-driven methods for fault detection and diagnosis in chemical processes[M]. Berlin: Springer-verlag,2012.

[146] LV F,WEN C,LIU M,et al. Higher order correlation based multivariate statistical process monitoring[J]. Journal of chemometrics, 2018, e3033:1-18.

[147] ZHAO C,SUN Y. Comprehensive subspace decomposition and isolation of principal reconstruction directions for online fault diagnosis [J]. Journal of process control,2013,23(10):1515-1527.

[148] WOOD M. Statistical methods for monitoring service processes[J]. International journal of service industry management, 1994, 5 (4): 53-68.

[149] ZHAO S J,ZHANG J,XU Y M. Performance monitoring of processes with multiple operating modes through multiple PLS models[J]. Journal of process control,2006,16(7):763-772.

[150] TONG C,LAN T,SHI X. Fault detection and diagnosis of dynamic processes using weighted dynamic decentralized pca approach[J]. Chemometrics and intelligent laboratory systems,2017,161:34-42.

[151] DONG Y N,QIN S J. A novel dynamic PCA algorithm for dynamic

data modeling and process monitoring[J]. Journal of process control, 2018,67:1-11.

[152] TONG C,LAN T,SHI X. Double-layer ensemble monitoring of non-gaussian processes using modified independent component analysis [J]. ISA transactions,2017,68:181-188.

[153] ZHANG Y W,ZHANG Y. Fault detection of non-gaussian processes based on modified independent component analysis [J]. Chemical engineering science,2010,65(16):4630-4639.

[154] TONG C D, LAN T, SHI X H. Ensemble modified independent component analysis for enhanced non-gaussian process monitoring [J]. Control engineering practice,2017,58:34-41.

[155] ALCALA C,QIN S J. Reconstruction-based contribution for process monitoring[J]. Automatica,2009,45(7):1593-1600.

[156] ZHANG L,LIN J,KARIM R. Sliding window-based fault detection from highdimensional data streams [J]. IEEE transactions on systems,man,and cybernetics:systems,2016,47(2):289-303.

[157] CHEN Z W, DING S, PENG T, et al. Fault detection for non-gaussian processes using generalized canonical correlation analysis and randomized algorithms [J]. IEEE transactions on industrial electronics,2017,65(2):1559-1567.

[158] JIANG Q, DING S, WANG Y, et al. Data-driven distributed local fault detection for large-scale processes based on the ga-regularized canonical correlation analysis [J]. IEEE transactions on industrial electronics,2017,64(10):8148-8157.

[159] WANG J,HE Q P. Multivariate statistical process monitoring based on statistics pattern analysis[J]. Industrial & engineering chemistry research,2010,49(17):7858-7869.

[160] ZHANG S M,ZHAO C H. Hybrid independent component analysis, (h-ica), with simultaneous analysis of high-order and second-order statistics for industrial process monitoring [J]. Chemometrics and intelligent laboratory systems,2019,185:47-58.

[161] CHOUDHURY M S, SHAH S L, Thornhill N F. Diagnosis of poor control-loop performance using higher-order statistics [J]. Automatica, 2004, 40(10): 1719-1728.

[162] HE Q P, WANG J. Statistics pattern analysis: a new process monitoring framework and its application to semiconductor batch processes[J]. AIChE journal, 2011, 57(1): 107-121.

[163] SHANG J, CHEN M. Recursive dynamic transformed component statistical analysis for fault detection in dynamic processes[J]. IEEE transactions on industrial electronics, 2018, 65(1): 578-588.

[164] ZHOU B Q, GU X S. Multi-block statistics local kernel principal component analysis algorithm and its application in nonlinear process fault detection[J]. Neurocomputing, 2020, 376: 222-231.

[165] JIA G J, WANG Y Q, HUANG B. Dynamic higher-order cumulants analysis for state monitoring based on a novel lag selection [J]. Information science, 2016, 331: 45-66.

[166] BAZAN G H, SCALASSARA P R, ENDO W, et al. Stator fault analysis of three-phase induction motors using information measures and artificial neural networks[J]. Electric power systems research, 2017, 143: 347-356.

[167] ZHAO X, SHANG P, HUANG J. Mutual-information matrix analysis for nonlinear interactions of multivariate time series [J]. Nonlinear dynamics, 2017, 588: 477-487.

[168] VERRON S, TIPLICA T, KOBI A. Fault detection and identification with a new feature selection based on mutual information[J]. Journal of process control, 2008, 185: 479-490.

[169] JIANG M, MUNAWAR M A, REIDEMEISTER T, et al. Efficient fault detection and diagnosis in complex software systems with information-theoretic monitoring [J]. IEEE transactions on dependable and secure computing, 2011, 8(4): 510-522.

[170] RASHID M M, YU J. A new dissimilarity method integrating multidimensional mutual information and independent component

analysis for non-gaussian dynamic process monitoring [J]. Chemometrics and intelligent laboratory systems, 2012, 115:44-58.

[171] YU J, CHEN J, RASHID M M. Multiway independent component analysis mixture model and mutual information based fault detection and diagnosis approach of multiphase batch processes[J]. AIChE journal, 2013, 59(8):2761-2779.

[172] JIANG B, SUN W, BRAATZ R D. An information-theoretic framework for fault detection evaluation and design of optimal dimensionality reduction methods[J]. IFAC, 2018, 51(24): 1311-1316.

[173] JOSHI A, DEIGNAN P, MECKL P, et al. Information theoretic fault detection [C]// Proceedings of the 2005, American Control Conference, 2005:1642-1647.

[174] SHANNON C E. A mathematical theory of communication[J]. Bell system technical journal, 1948, 27(3):379-423.

[175] COVER T M, THOMAS J A. Elements of information theory[M]. New York: John Wiley & Sons, 1991.

[176] LATHAM P E, ROUDI Y. Mutual information[J]. Scholarpedia, 2009, 4:1658.

[177] JAKOBSEN S K. Mutual information matrices are not always positive semidefinite[J]. IEEE transactions on information theory, 2014, 60 (5):2694-2696.

[178] PRINCIPE J C. Information theoretic learning: renyi's entropy and kernel perspectives[M]. Berlin: Springer science & business media, 2010.

[179] COVER T M, THOMAS J A. Elements of information theory[M]. New Jersey: Wiley-Blackwell, 2003.

[180] MULLER-LENNERT M, DUPUIS F, SZEHR O, et al. On quantum renyi's entropies: a new generalization and some properties [J]. Journal of mathematical physics, 2013, 54(12):122203.

[181] BROMILEY P A, THACKER N A, BOUHOVA-THACKER E. Shannon entropy, rényi entropy, and information[J]. Statistics and

segementation series,2004,7(2):39-42.

[182] YU S,GIRALDO L G S,JENSSEN R,et al. Multivariate extension of matrix-based renyi's-order entropy functional[J]. IEEE transactions on pattern analysis and machine intelligence,2019,1(1):9-10.

[183] ROSS B C. Mutual information between discrete and continuous data sets[J]. PloSone,2014,9(2):e87357.

[184] GAO W,KANNAN S,OH S,et al. Estimating mutual information for discrete-continuous mixtures[J]. Advances in neural information processing systems,2017(1):5986-5997.

[185] GIRALDO L G S,RAO M,PRINCIPE J C. Measures of entropy from data using infinitely divisible kernels[J]. IEEE transactions on information theory,2015,61(1):535-548.

[186] BHATIA R. Infinitely divisible matrices[J]. American mathematical monthly,2006,113(3):221-235.

[187] RATNER B. The correlation coefficient: its values range between +1/−1, or do they[J]. Journal of targeting measurement and analysis for marketing,2009,17(2):139-142.

[188] YU S,PRINCIPE J C. Simple stopping criteria for information theoretic feature selection[J]. Entropy,2019,21(1):99.

[189] CHEN Z,FANG H,CHANG Y. Weighted data-driven fault detection and isolation: a subspace-based approach and algorithms[J]. IEEE transactions on industrial electronics,2016,63(5):3290-3298.

[190] LI G,ALCALA C F,QIN S J,et al. Generalized reconstruction-based contributions for output-relevant fault diagnosis with application to the tennessee Eastman process[J]. IEEE transactions on control systems technology,2010,19(5):1114-1127.

致 谢

2015 年秋天，我在浙江大学的求是园中开始了为期四年的博士研究生学习阶段，成了一名真正的“浙里人”。2019 年 7 月始，安阳师范学院成为我工作的首站。2022 年 9 月，我入职清华大学博士后研究员。无论求学，还是工作，不变的是求真求是的科研路。时光如梭，回忆往昔，知识的增长、生活的丰富、心性的成熟、身份的转变，都带给我由衷的喜悦。因缘际会，万分感慨，谨向给予我鼓励、启发、指导和关心的各位老师、同学、朋友及家人表示最诚挚的感谢。

本书的研究工作得到国家自然科学基金项目“大型船舶动力系统运营全寿命周期故障预测与智能健康管理”(No. U1509203)、“船舶电力推进系统状态监测与故障诊断的信息融合方法”(No. U1709215)、“不确定小样本环境下优化决策规则的提取与深度学习”(No. 6175304)、“不确定性下基于贝叶斯深度学习的故障诊断关键技术研究”(No. 62003004)；河南省级科技攻关项目“一类基于协同感知的增强故障预警关键技术研究”(No. 202102210125)、安阳市科技攻关项目“不确定空间下基于增强智能的过程控制关键技术研究”(No. 20200912011)的资助，对此表示感谢。

彩　插

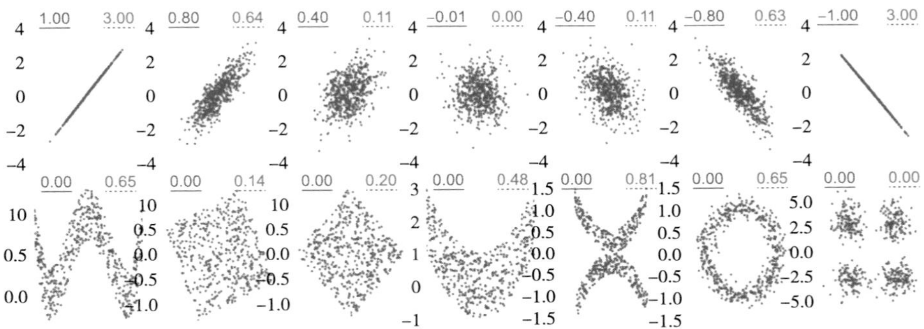

图 7.2　基于经典香农熵函数估计的离散互信息与相关性的对比

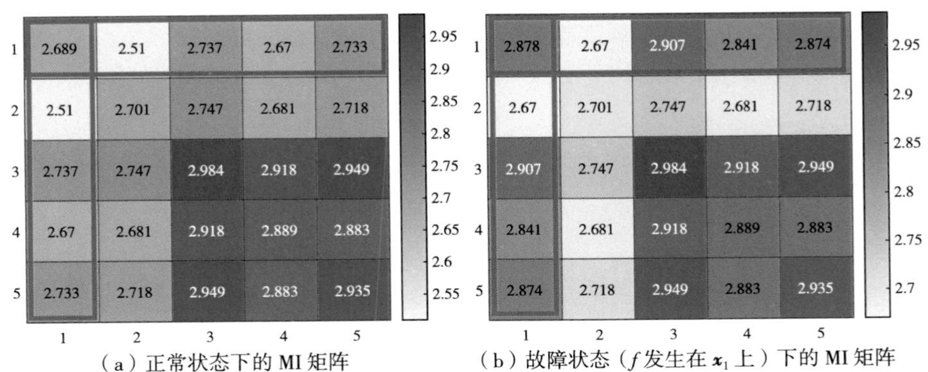

（a）正常状态下的 MI 矩阵　　（b）故障状态（f 发生在 $\boldsymbol{x}_1$ 上）下的 MI 矩阵

图 7.4　正常及故障状态下的互信息矩阵

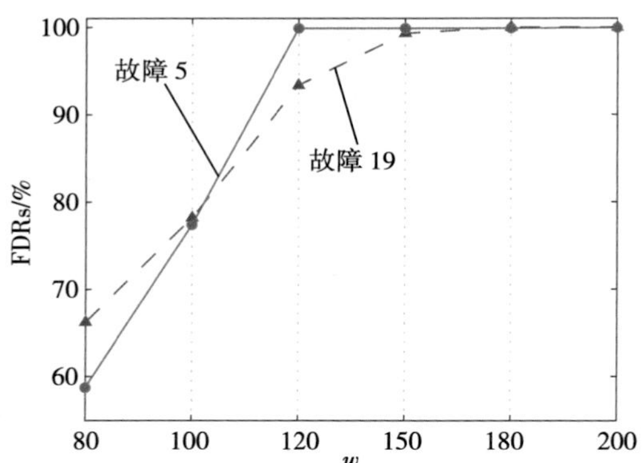

图 7.12　TE 过程中不同窗口长度下故障 5 及 19 的检测性能变化

$w \in \{80,\ 100,\ 120,\ 150,\ 180,\ 200\}$

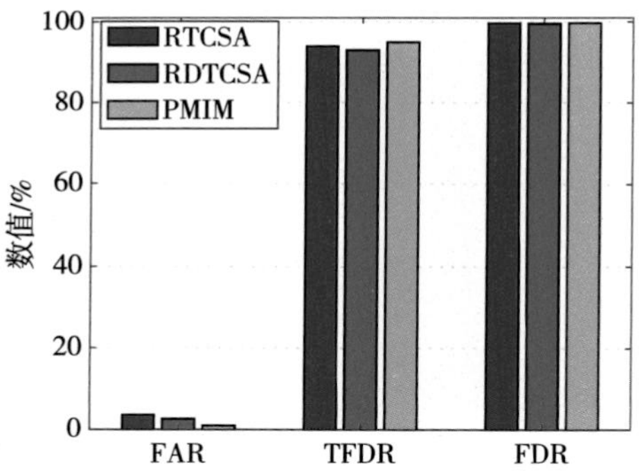

图 7.13　TE 过程中故障 1 的 TCSA 方法检测性能对比

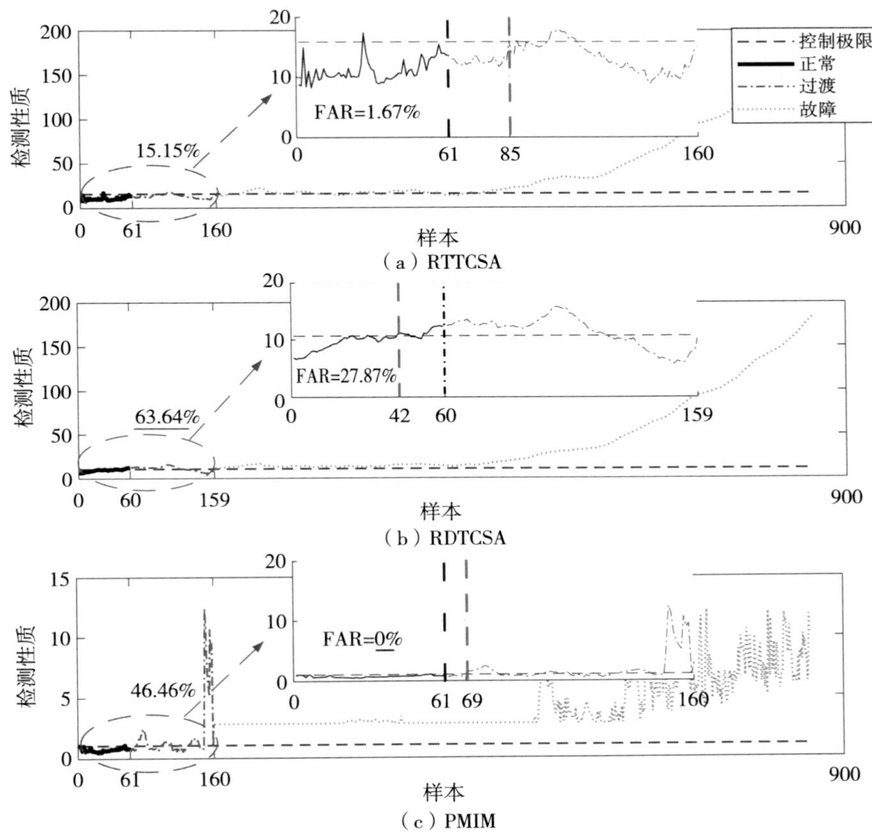

图 7.14　TCSA 方法对 TEP 中故障 21 的检测性能